FORSCHUNGSBERICHTE
DES LANDES NORDRHEIN-WESTFALEN

Herausgegeben durch das Kultusministerium

Nr. 875

Dipl.-Ing. Franz Hildebrandt
Forschungsinstitut für Rationalisierung an der Technischen Hochschule Aachen

Dr.-Ing. Fritz Stier
Max-Planck-Institut für Arbeitsphysiologie Dortmund

Untersuchungen zur Verbesserung und Rationalisierung der Arbeit am Reißbrett

Als Manuskript gedruckt

WESTDEUTSCHER VERLAG / KÖLN UND OPLADEN

1960

ISBN 978-3-663-03859-7   ISBN 978-3-663-05048-3 (eBook)
DOI 10.1007/978-3-663-05048-3

Teil A
Arbeitsplatzgestaltung und Arbeitsverfahren

Gliederung

1. Einleitung . . . . S. 6
2. Arbeitsverteilung . . . . S. 8
3. Arbeitsplatzausrüstung . . . . S. 13
4. Ersatz der Zeichenarbeit . . . . S. 24
5. Vereinfachte Darstellung . . . . S. 25
6. Zusammenfassung . . . . S. 27
7. Literaturverzeichnis . . . . S. 30

1. Einleitung

Arbeiten am Zeichen- oder Reißbrett in der Industrie sind das technische Zeichnen und die zeichnerisch-darstellerischen Tätigkeiten des Konstruierens. Nach bestimmten Regeln werden dabei zeichnerische Darstellungsformen angewandt, in denen der Konstrukteur seine schöpferischen Ideen niederlegt und der technische Zeichner die Fertigungsunterlagen für die Werstatt erstellt.

Die große Zahl der in Konstruktionsbüros beschäftigten technischen Angestellten läßt erkennen, welcher Arbeitsaufwand erforderlich ist, realisierbare technische Vorstellungsgehalte in eine für Fachleute allgemeinverständliche Fertigungsanweisung zu bringen.

Vom Forschungsinstitut für Rationalisierung sind im Rahmen dieser Aufgabe Untersuchungen zur Verbesserung und Rationalisierung der Arbeiten am Zeichenbrett in verschiedenen Richtungen angesetzt worden. Einzelne Elemente der Arbeitstechnik ließen sich durch Arbeitsstudien abgrenzen. Die Möglichkeiten der Anwendung vereinfachter zeichnerischer Darstellungen wurden in Versuchen erprobt. Beobachtungen in Groß-, Mittel- und Kleinbetrieben ergaben einen Überblick über die Arbeitsbedingungen. Kontakte mit den Herstellern von Zeichengeräten und -material brachten Informationen über die Anforderungen der Praxis und die Weiterentwicklung der Erzeugnisse. Durch Auswerten des Schrifttums ließen sich Stand und Bemühungen auch in anderen Ländern beurteilen.

Von Experimenten mit einfachen Zeichengeräten - wie zum Beispiel an Reißbrettern, d.h. an flach auf zwei Stützleisten liegenden Zeichenbrettern - wurde abgesehen, denn heute gehören Zeichenanlagen (Abb. 5 bis 14) zur selbstverständlichen Ausrüstung der technischen Büros, so daß es sich erübrigt, die Nachteile der Vorläufer noch einmal besonders herauszustellen [1][1).

Wie die Untersuchungen ergeben haben, sind die Mängel und Unzulänglichkeiten der Arbeitsplatzausrüstung nur zu einem kleinen Teil für das Unbehagen, das der technische Angestellte in seiner Tätigkeit empfindet, verantwortlich zu machen. Die Ursachen für die geringer werdende Leistungsbereitschaft, die Fluktuation durch Firmenwechsel und das Abwandern in andersartige Beschäftigungsverhältnisse sind in anderen Berei-

---

1. Literaturangaben in Abschnitt 7

chen als denen der Arbeitstechnik an der Zeichenanlage zu suchen. (Dies wird im Forschungsbericht Nr. 854 dieser Schriftenreihe ausführlicher behandelt.)

Sie sind vielmehr darauf zurückzuführen, daß dem im Konstruktionsbüro tätigen technischen Angestellten weitgehend das persönliche und materielle Schaffenserlebnis als wichtiger Faktor zur Sinnerfüllung der Berufsarbeit fehlt, weil er, zumeist auf knapp bemessenem Arbeitsraum, ohne nennenswerte Reize aus Situationsveränderungen die in der Werkstatt herzustellenden Gegenstände nur in der Vorstellung sieht und in symbolisierter Darstellung entwickelt. Das führt dann oft zu einem leistungshemmenden Gemütsuntergrund, und zwar um so eher, je größer die psychische Anstrengung zur Überwindung ungünstiger Arbeitsbedingungen ist.

Im Mittelpunkt dieser Abhandlung steht die manuelle Arbeit am Zeichenbrett, also das technische Zeichnen und der zeichnerisch-darstellerische Teil des Konstruierens. Diese Tätigkeiten lassen sich durch Geräte, technische Verfahren und Hilfsmittel verbessern und vereinfachen. In der Praxis werden die hier gegebenen Möglichkeiten noch zu wenig ausgenutzt, so daß eine Rationalisierungsaufgabe bereits darin liegt, neuen Erzeugnissen und Verfahren den Weg in die technischen Büros zu erschließen.

Mit den Ergebnissen der Untersuchung wird ein allgemeiner Überblick gegeben. Über Einzelheiten unterrichten Fachbücher [2], Kataloge des Fachhandels, Broschüren und Prospekte der Herstellerfirmen. Die technische Entwicklung ist auch auf diesen Gebieten in ständigem Fluß, so daß verfeinerte Anweisungen für die Handhabung der Geräte nur begrenzte Gültigkeit haben. Ein bestimmter Spielraum muß aber auch der individuellen Arbeitsweise vorbehalten bleiben, zumal in der Praxis reine Zeichenarbeiten selten sind; mehr oder weniger enthalten sie konstruktive Teilaufgaben. Der technische Zeichner erwirbt in der Ausbildung genügend Kenntnisse und Fertigkeiten zur Handhabung der Zeichengeräte.

Die großen Unterschiede in der Zeichenarbeit hinsichtlich Umfang, Schwierigkeitsgrad und Arbeitsverfahren erschweren zahlenmäßige Vergleiche. In umgekehrter Richtung bestehen gleich große Schwierigkeiten, ermittelte Werte auf den Einzelfall anzuwenden. Deshalb werden die Erkenntnisse und die Erfahrung aus den Untersuchungen zur Herleitung allgemeiner Ansatz- und Gesichtspunkte für Verbesserungen der Arbeiten am Zeichenbrett zusammengefaßt.

Zunächst wird eine Methode zur Ermittlung der Arbeitsverteilung gezeigt. Dann ist die Ausrüstung des Arbeitsplatzes für technisch-zeichnerische Aufgaben Gegenstand der Abhandlung. In den anschließenden Abschnitten wird auf die Möglichkeiten hingewiesen, Handarbeit durch andere Verfahren zu ersetzen und Darstellungen zu vereinfachen.

2. Arbeitsverteilung

Technisches Zeichnen ist ein Arbeitsvorgang, bei dem nach einem konstruktiven Entwurf technische Gebilde, deren Herstellung realisierbar erscheint und deren Verkauf einen Gewinn erwarten läßt, nach bestimmten Regeln graphisch dargestellt werden. In der Entstehung einer neuen Konstruktion wird es zuerst für die Abbildung der konstruktiven Ideen angewandt, um sie in Form von Skizzen oder Vorentwürfen festzuhalten. Ist die Konstruktion in allen Teilen durchdacht, werden Zeichnungen für sämtliche Details ausgeführt, die dann als Fertigungsunterlagen in die Werkstatt gehen.

Der technische Zeichner muß von den Gegenständen seiner Aufgabe die Funktionen kennen und muß wissen, wie die Herstellung erfolgen soll. Er trägt eine hohe Verantwortung, da Zeichenfehler zu Verlusten in der Produktion, schadhaften Erzeugnissen oder gar zu Unfällen führen können.

Das technische Zeichnen ist somit eine qualifizierte Tätigkeit, die viel technisches Wissen und eine höhere geistige Konzentration als viele andere Büroarbeiten erfordert. Rationalisierungsaufgaben dürfen deshalb nicht allein in Arbeitszeitverkürzungen gesucht werden, sondern um so mehr in der Schaffung angemessener Arbeitsbedingungen.

Die Verhältnisse und auch die Art der Zeichenarbeiten sind aber in den Betrieben sehr unterschiedlich, so daß sich allgemeine Verbesserungsvorschläge im Einzelfall nicht im gleichen Umfang anwenden lassen oder anders auswirken. Deshalb wird den folgenden Abschnitten ein von den betrieblichen Verhältnissen unabhängiger methodischer Weg für das Vorgehen bei einer Arbeitsumgestaltung vorangestellt.

Es kommt zunächst darauf an, Übersichten über die Arbeitsverteilung zu gewinnen. Auf die Tätigkeiten, die einen größeren Teil der täglichen Arbeitszeit einnehmen, sind in erster Linie die Verbesserungsmaßnahmen anzusetzen. Des weiteren lassen sich die Auswirkungen arbeitsorganisatorischer Veränderungen besser beurteilen, wenn ihr Einfluß auf die einzelnen Tätigkeitsarten beobachtet werden kann.

Die Übersicht über die Arbeitsverteilung wird mit Zeitaufnahmen ermittelt. Dazu sind einige Tätigkeitsarten - die Arbeitsgänge genannt werden sollen - abzugrenzen.

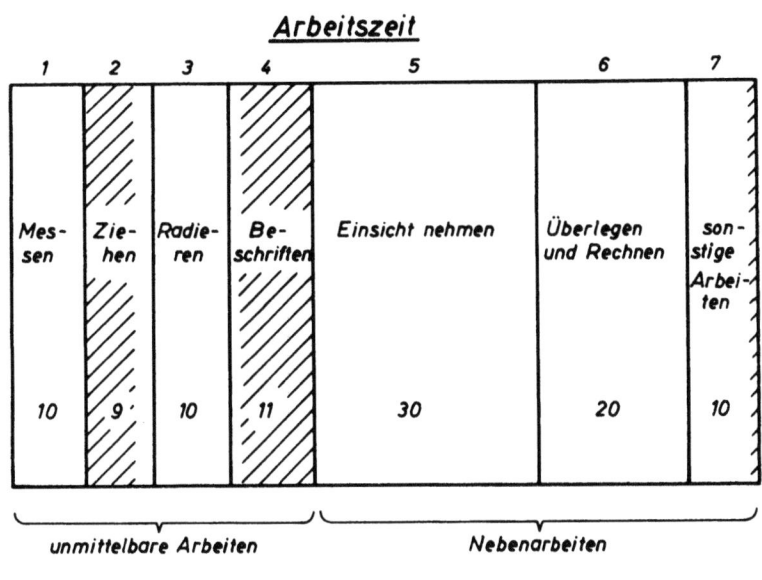

Abbildung 1

Es genügt, wenn deren Anzahl zwischen 5 und 10 liegt. Welche Arbeitsmerkmale für einen Arbeitsgang gewählt werden, hängt von den betrieblichen Verhältnissen ab.

Als Beispiel zeigt Abbildung 1 eine zeitliche Verteilung innerhalb der täglichen Arbeitszeit. Die Tätigkeit des technischen Zeichnens kann in unmittelbare Zeichenarbeiten (T_U) und Nebenarbeiten (T_N) geteilt werden (Abb. 2). Die erstgenannten dienen dem unmittelbaren Fortgang der zeichnerischen Darstellung. Ihre Arbeitsgänge sollen Messen (T_M), Ziehen (T_Z), Radieren (T_R) und Beschriften (T_B) genannt werden. Die dazugehörigen Handlungen bewirken Änderungen auf dem Zeichenbogen. Sie können aber nur in Verbindung mit verschiedenen Nebenarbeiten zweckdienlich ausgeführt werden, wie Einsichtnehmen (T_E) in die Unterlagen, Überlegen ($T_Ü$) bei der Anordnung der Ansichten und der Berechnung von Maßen zur Darstellung und schließlich Erledigen sonstiger (T_S), persönlich oder geschäftsbedingter Angelegenheiten.

Beim Messen (T_M) werden hauptsächlich Längen oder Winkel an Maßskalen abgegriffen und auf den Zeichenbogen übertragen. - Das Ziehen (T_Z) von

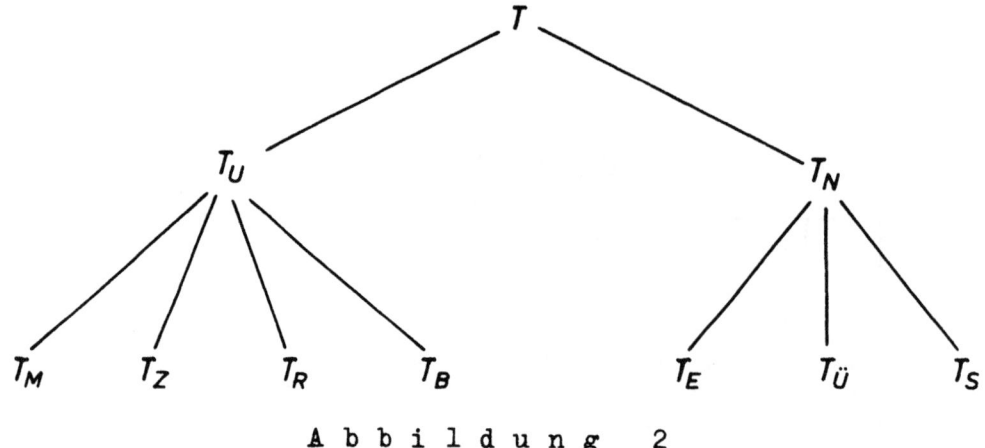

Abbildung 2

geraden oder gekrümmten Linien wird mit Bleistift, immer seltener auch in der Reinzeichnung mit Tusche ausgeführt. - Radieren (T_R) löscht Meßstriche, falsche Linien und Zeichen und oft auch bestimmte Einzelheiten aus vorhandenen Unterlagen für das Einzeichnen konstruktiver Veränderungen. - Zum Beschriften (T_B) gehört das Bemaßen, Eintragen von Angaben und Ausfüllen des Schriftfeldes.

Ziehen und Beschriften treten "schwarz auf weiß" auf dem Zeichenbogen in Erscheinung. Radieren löscht einen Teil davon, so daß die übrigbleibende Darstellung nicht dem Arbeitsaufwand der beiden vorgenannten Arbeitsgänge entspricht. (Schraffierte Bereiche der Felder 2 und 4 in Abbildung 1.)

Durch Einsichtnehmen (T_E) wird für die nächsten Arbeitsschritte technischer Sinngehalt aufgelesen. Dazu sind alle Vorkommnisse zu zählen, die der Orientierung dienen. - Überlegen ($T_Ü$) und Rechnen bezeichnet die geistigen Arbeiten, die neben den manuellen Handlungen ausgeführt werden. - Sonstige Arbeiten (T_S) sind alle weiteren Nebenarbeiten des technischen Zeichnens. In Abhängigkeit von dem Zeitanteil wird man diesen Arbeitsgang mitunter weiter unterteilen. Seine Tätigkeiten werden zum Teil auch auf der Zeichnung sichtbar. (Schraffur in Feld 7 der Abbildung 1.)

Für die Zeitaufnahme ist besonders das Multimomentverfahren geeignet: es erfordert geringen Aufwand und stört den Arbeitsablauf wenig [3]. Der Zeitnehmer notiert dabei von Zeit zu Zeit mit Zählstrichen die

Arbeitsgänge, die er bei einem Rundblick - auch Rundgang genannt - auf den Arbeitsplätzen einer Gruppe beobachtet. Die Zähleinheiten der einzelnen Arbeitsgänge werden zur Gesamtzahl ins Verhältnis gesetzt und ergeben so den Zeitanteil. Die statistische Unsicherheit kann durch Vergrößern der Zahl der Beobachtungen vermindert werden. Die Genauigkeitsanforderungen sind aber nicht hoch, da die Zeitaufnahme nur einen Überblick über die Arbeitsverteilung erbringen soll.

Abteilung: II Gruppe: b		Zeitaufnahmebogen	Datum: 1.10.59 Uhrzeit: 8 bis 17 Uhr Zeitnehmer:		
Arbeitsgang:	Rundgang: ⫽⫽⫽ ⫽⫽⫽ ⫽⫽⫽ ⫽⫽⫽ ⫽⫽⫽ ⫽⫽⫽		Σ	%	Bemerkungen
T_U	T_M	⫽⫽⫽ ⫽⫽⫽ ⫽⫽⫽ ⫽⫽⫽ ⫽⫽⫽ ⫽⫽⫽	30	10	
	T_Z	⫽⫽⫽ ⫽⫽⫽ ⫽⫽⫽ ⫽⫽⫽ ⫽⫽⫽ //	27	9	
	T_R	⫽⫽⫽ ⫽⫽⫽ ⫽⫽⫽ ⫽⫽⫽ ⫽⫽⫽ ⫽⫽⫽	30	10	
	T_B	⫽⫽⫽ ⫽⫽⫽ ⫽⫽⫽ ⫽⫽⫽ ⫽⫽⫽ ⫽⫽⫽ ///	33	11	
T_U = 120 ≙ 40%					
T_N	T_E	⫽⫽⫽ ⫽⫽⫽ ⫽⫽⫽ ⫽⫽⫽ ⫽⫽⫽ ⫽⫽⫽ ⫽⫽⫽ ⫽⫽⫽ ⫽⫽⫽ ⫽⫽⫽ ⫽⫽⫽ ⫽⫽⫽ ⫽⫽⫽ ⫽⫽⫽ ⫽⫽⫽ ⫽⫽⫽ ⫽⫽⫽ ⫽⫽⫽	90	30	
	$T_Ü$	⫽⫽⫽ ⫽⫽⫽ ⫽⫽⫽ ⫽⫽⫽ ⫽⫽⫽ ⫽⫽⫽ ⫽⫽⫽ ⫽⫽⫽ ⫽⫽⫽ ⫽⫽⫽ ⫽⫽⫽ ⫽⫽⫽	60	20	
	T_S	⫽⫽⫽ ⫽⫽⫽ ⫽⫽⫽ ⫽⫽⫽ ⫽⫽⫽ ⫽⫽⫽	30	10	
T_N = 180 ≙ 60%					
Arbeitsplätze: 10	Rundgänge: 30	Beobachtungen: 300	100		

A b b i l d u n g   3

Abbildung 3 zeigt den Entwurf eines Zeitaufnahmebogens mit den Eintragungen des in Abbildung 1 dargestellten Beispiels. In die Zeilen der einzelnen Arbeitsgänge kommen die Zählstriche der Beobachtungen, in Gruppen zu je fünf angeordnet. Sie werden nach rechts addiert. In die folgende Spalte wird der prozentuale Anteil geschrieben. Unmittelbare Arbeiten und Nebenarbeiten (T_U, T_N) werden ebenfalls gegenübergestellt. Oben in einer Kopfzeile wird die Zahl der Rundgänge mit Zählstrichen kontrolliert.

Wenn die Arbeitsweise der technischen Zeichner einer Gruppe sehr unterschiedlich ist, kann nach der gleichen Methode die Arbeitsverteilung auf den einzelnen Arbeitsplätzen ermittelt werden. Hierfür sind dann auf dem Zeitaufnahmebogen Zeilen und Spalten getrennt als Ordnungselemente zu belegen. Abbildung 4 zeigt einen solchen Entwurf.

Zeitaufnahmebogen

Konstr.- Abteilung:
Konstr.- Gruppe:
Datum:
von _____ Uhr
bis _____ Uhr
von _____ Uhr
bis _____ Uhr
Anzahl d. Beob.
Zeitnehmer:

Nr.	Arbeitsplatz	T_U					T_N				T
		T_M	T_Z	T_R	T_B	$\Sigma\,1\div4$	T_E	$T_{\ddot{U}}$	T_S	$\Sigma\,6\div8$	
		1	2	3	4	5	6	7	8	9	5+9
											10
1	A										
2	B										
3	C										
4	D										
5	E										
6	F										
7	G										
8	H										
9	J										
10	K										
	Summe										
	% von T										
	% von T_U bzw. T_N										

Abbildung 4

3. Arbeitsplatzausrüstung

Die Geräte und Einrichtungsgegenstände des Arbeitsplatzes stellen die materiellen Voraussetzungen für sachgerechtes Ausführen des technischen Zeichnens dar. Der Wert der qualifizierten Tätigkeit sollte der Maßstab für die Aufwendungen zur Verbesserung, Erleichterung und Vereinfachung sein.

Für die Arbeitsplatzausrüstung eines technischen Zeichners wird im Durchschnitt ein Kapital von DM 1.800,-- investiert [4]; das sind rund DM 300,-- weniger als für den Arbeitsplatz einer Stenotypistin. Legt man die üblichen Abschreibungsgepflogenheiten und Gehälter zugrunde, so betragen die Kapitalkosten etwa den zwanzigsten Teil der Gehaltskosten. Eine Leistungsverbesserung um nur 5 % würde damit bereits den doppelten Kapitaleinsatz für die Einrichtung des Arbeitsplatzes ausgleichen.

Die Arbeitsmittel zum technischen Zeichnen haben die Aufgabe, als Handwerkszeuge die möglichst schnelle und leichte Übertragung der technischen Inhalte aus der Vorstellung in die zeichnerische Darstellung zu ermöglichen. Die einzelnen Handlungen müssen sich so gestalten lassen, daß ihre Bewegungsabläufe als sinnvoll empfunden werden.

Die _Zeichenanlage_ ist der wichtigste Einrichtungsgegenstand des Arbeitsplatzes. Sie besteht aus dem Zeichentisch mit Zeichenbrett und Zeichenmaschine (Abb. 5, 6, 7, 11).

Die Tische haben heute allgemein eine Mechanik, mit der sich Höhe und Neigung des Brettes verstellen lassen. Mitunter ist auch eine Drehung um die senkrechte Achse möglich.

Erforderlich sind aber vor allem die beiden erstgenannten Funktionen. Sie sollten aber weder durch Platzmangel auf dem Arbeitsplatz noch durch konstruktive Veränderungen eingeschränkt werden. Jedes Feld des Zeichenbrettes muß für den technischen Zeichner bequem erreichbar sein. An der unteren Hälfte soll er im Sitzen zeichnen können. Arbeiten am flach eingestellten Brett müssen ohne Störungen für den Nachbarn möglich sein.

In der konstruktiven Entwicklung der Zeichentische wird mehr und mehr der geschlossenen Bauart der Vorrang gegeben (Abb. 6); das Ergebnis sind sogenannte Säulenzeichentische (Abb. 7). Sie sind nicht so sperrig, vergrößern den Bewegungsraum am Arbeitsplatz und erleichtern die Büroreinigung. Ihre gefällige Form gibt ihnen mehr das Aussehen eines Büromöbels als das einer Arbeitsmaschine. Für den technischen Zeichner wird der

Eindruck des Eingesperrtseins zwischen Zellenwänden abgeschwächt, die Arbeitsplätze werden mehr miteinander verbunden.

Verschiedene Wirkungsmechanismen für die Tischbewegungen zur Veränderung von Höhe und Neigung des Brettes werden angewandt. Am gebräuchlichsten sind rein mechanische, von Hand betätigte Verstellungen mit Gewichtsausgleich und Arretierung. Eine Entlastung der Handkraft durch Servomechanismen ist arbeitsphysiologisch nicht erforderlich. Eine Denkbelastung kann es nur für die Zeit der Einarbeitung geben, denn die Bewegungskoordinationen verlagern sich bald in niedere Bewußtseinsregionen, werden also immer mehr unbewußt.

Aus dem Streben nach technischer Perfektion entstanden Tischbauweisen mit elektrischer und hydraulischer Mechanik. Dafür sind in mehr oder weniger großem Umfang Erhöhung der Kompliziertheit, der Empfindlichkeit und der Anforderungen an die Installation im technischen Büro in Kauf zu nehmen.

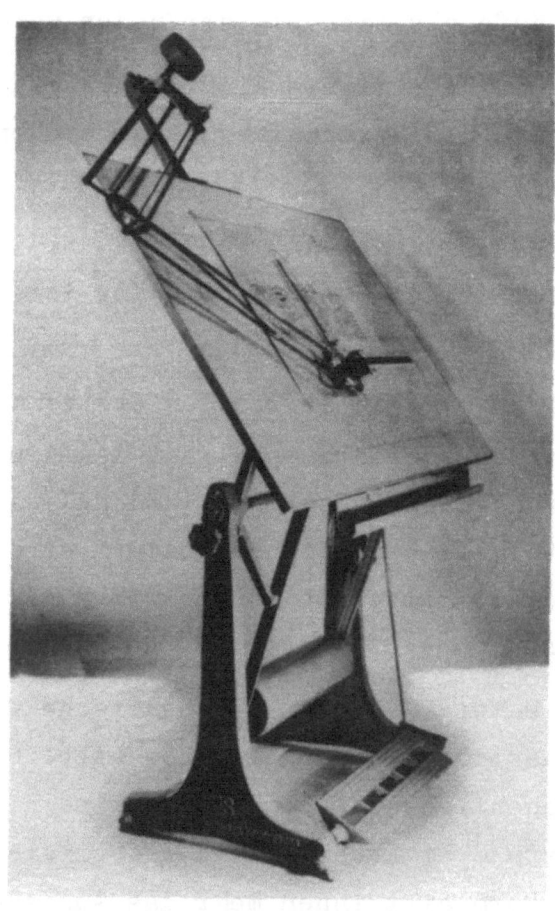

A b b i l d u n g   5

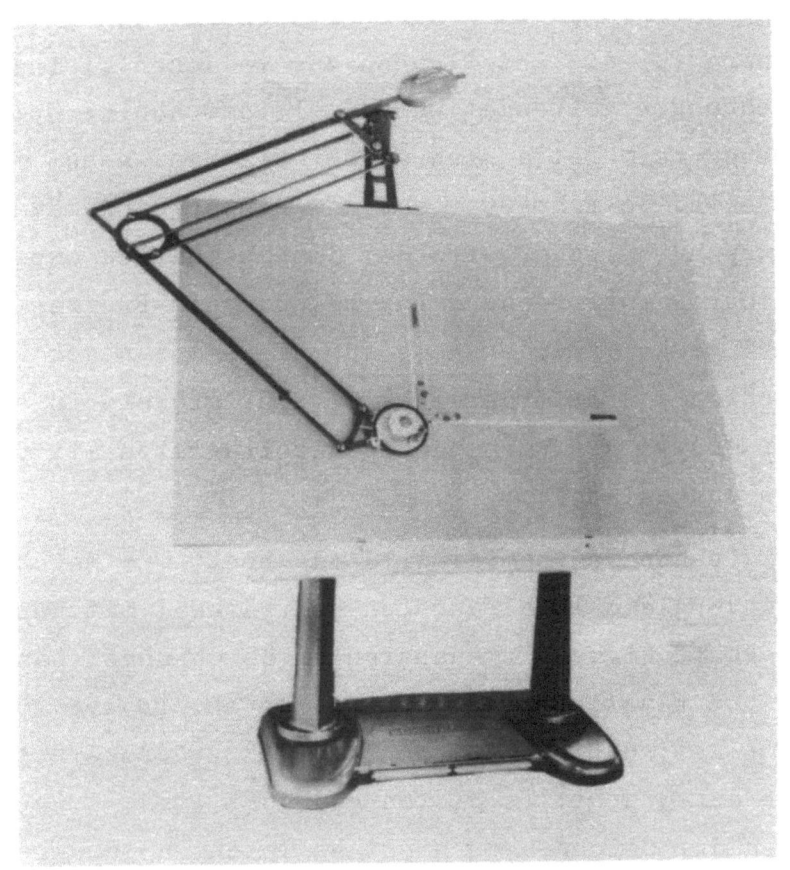

Abbildung 6

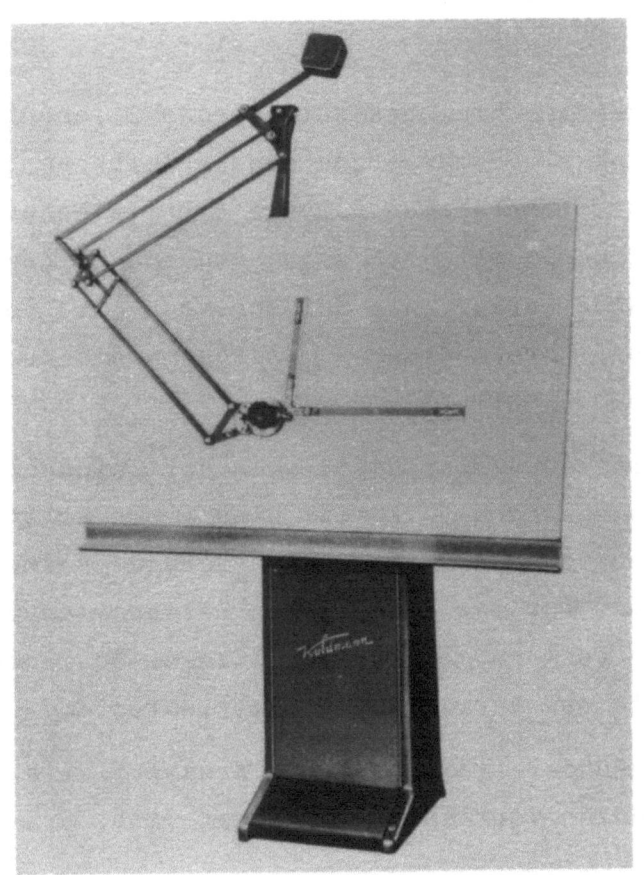

Abbildung 7

Häufig wird in der Praxis an zu großen Zeichenbrettern gearbeitet. Dies trifft insbesondere für die Abteilungen zu, in denen kleine Bögen für die meisten Zeichnungen verwendet werden (Feinmechanik, Optik). Die psychische Anstrengung beim Betrachten ebener Flächen wächst mit der Größe und Nähe des Objekts. Je mehr es vor einem Hintergrund räumlich gesehen werden kann, um so natürlicher wird der Sinneseindruck empfunden. Die Ermüdung wird dadurch entsprechend beeinflußt. Die Bretter sollten deshalb nicht größer gewählt werden, als für die meisten der wirklich vorkommenden Zeichenformate erforderlich ist. Für größere Bögen werden besondere oder nur einige der vorhandenen Arbeitsplätze mit überdimensionierten Brettern ausgestattet.

Zum Zeichnen auf Transparentpapier wird das Brett mit Zeichenkarton oder wegen der unvergleichlich längeren Haltbarkeit mit Kunststoffplatten belegt. Die Pausfähigkeit transparenter Zeichnungen hängt sehr von der Plastizität und Elastizität der Unterlage ab. Es ist günstig, wenn sie so beschaffen ist, daß die Zeichenstiftspitze das Transparentpapier graviert, so daß der Graphit in Sicken gedrückt wird. Er springt beim Rollen und Falten der Zeichnungen nicht so leicht ab und ergibt eine gute Deckung. Im Einzelfall wird zu untersuchen sein, mit welcher Art von Unterlagen sich die erforderlichen Lichtpauseigenschaften am besten erreichen lassen.

Die eigentliche Zeichenmaschine besteht aus dem Zeichenkopf mit den Linealen, dem Parallelogrammgestänge und dessen Aufhängung mit Feder oder Gegengewicht. Ihr Funktionsbereich für die Arbeitstechnik des technischen Zeichnens soll möglichst groß sein. Moderne Zeichenmaschinen ersetzen mehrere einfache Geräte, wie Reißschienen (mit verstellbarem Kopfstück, Winkelskala und Parallelführer), Zeichendreiecke, Winkelmesser, Lineale und Stabmaße.

Für viele Arbeiten ist es vorteilhaft, wenn der Zeichenkopf eine Basis- oder Null-Punkt-Verstellung hat. Es ist eine große Erleichterung für das Zeichnen in verschiedenen orthogonalen Bezugssystemen, denn das Umrechnen der Winkel ist für den technischen Zeichner eine lästige Nebenarbeit, in der viele Fehlermöglichkeiten liegen. Der Schwenkbereich der Lineale beträgt heute bei verschiedenen Fabrikaten 360° (Abb. 8).

Für Versehrte, insbesondere für Hand- und Armamputierte, werden Zeichenmaschinen mit besonderen Vorrichtungen gebaut (Abb. 9 und 10).

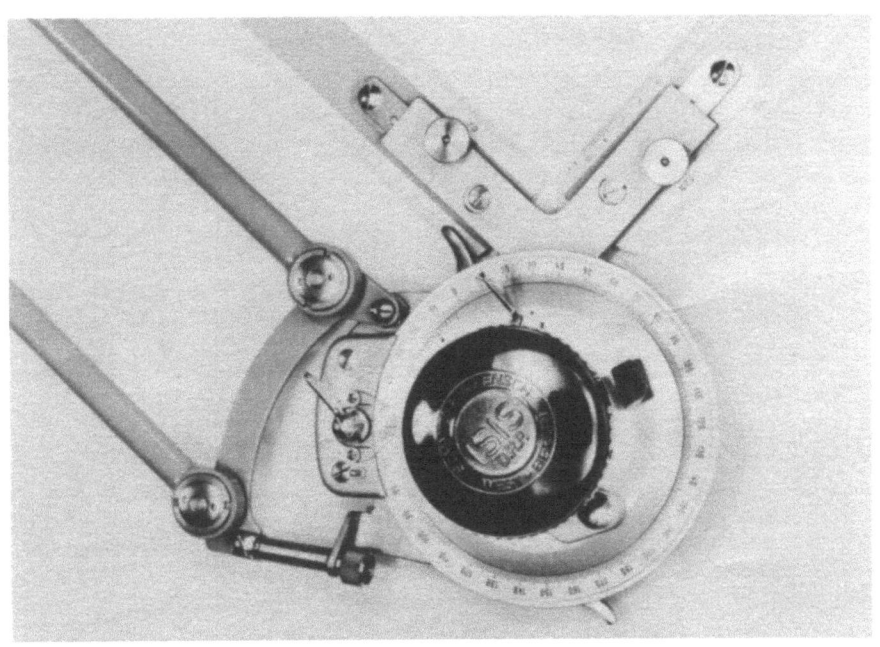

Abbildung 8

Der Zeichenkopf wird von einem Parallelogrammgestänge (Abb. 5, 6, 7), an einem Laufwagen gleitend oder an einer Kombination von beiden (Abb. 11) geführt. Die Gelenke sind kugelgelagert. Exzenterbuchsen erlauben ein genaues Einjustieren der Parallelogrammführung. Dies geschieht im allgemeinen im Herstellerwerk vor der Auslieferung. Die Qualität der Zeichenmaschine hängt vor allem von der Präzision der vielen Elemente zwischen Aufhängebock (Anker) und den Zeichenlinealen ab, die zusammen ein möglichst kleines Spiel bei den Belastungen durch das Ziehen an den Anlegekanten ergeben sollen.

Für verschiedene Aufgabengebiete sind Laufwagenzeichenmaschinen besonders geeignet (Abb. 11). Sie sind denen mit Parallelogrammführung überlegen, wenn vorwiegend lange horizontale und vertikale Striche zu ziehen sind (Bauzeichnungen). Mit einfacher Parallelogrammaufhängung des Zeichenkopfes am Laufwagenrahmen läßt sich auch in diesen Fällen bei kleineren Darstellungsobjekten das Mitbewegen der ganzen Masse einschränken. Außerdem können Parallelogrammaschinen auf Laufwagen montiert werden, so daß sich bei großen Anlagen die Vorteile beider Typen ausnutzen lassen (Abb. 12).

Zeichenanlagen, die sich an den üblichen Büromöbeln anbringen lassen, können für viele Zwecke im technischen Büro eingesetzt werden (Abb. 13). Auf der Tischfläche kann dabei alles liegenbleiben.

Abbildung 9

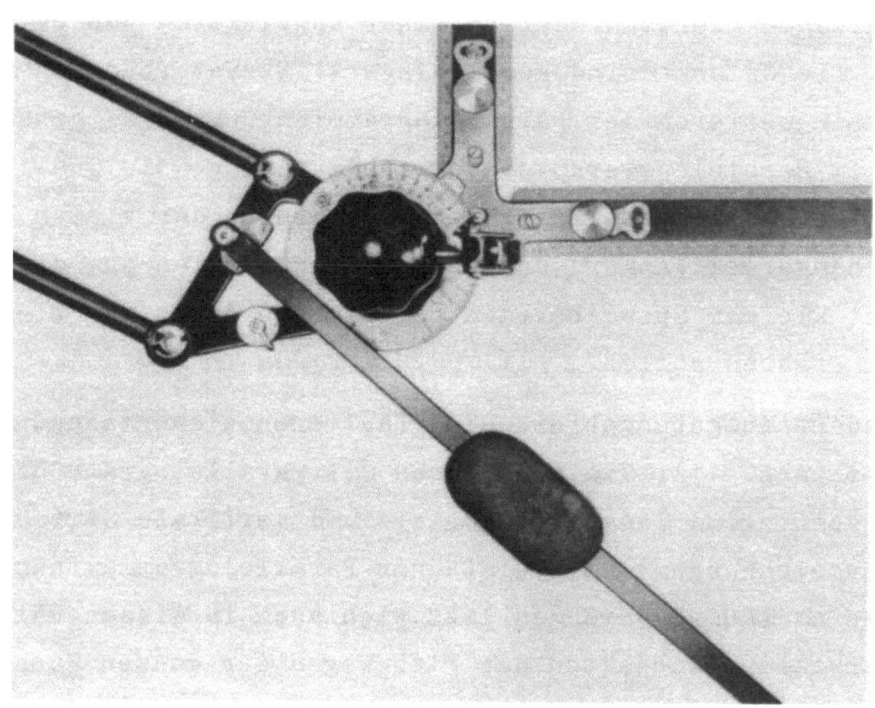

Abbildung 10

Zeichnungen für Angebote haben eine bessere Werbewirkung, wenn sie in Zentralperspektive angelegt sind. Solche Darstellungen lassen sich sehr einfach mit Perspektivzeichenmaschinen anfertigen (Abb. 14).

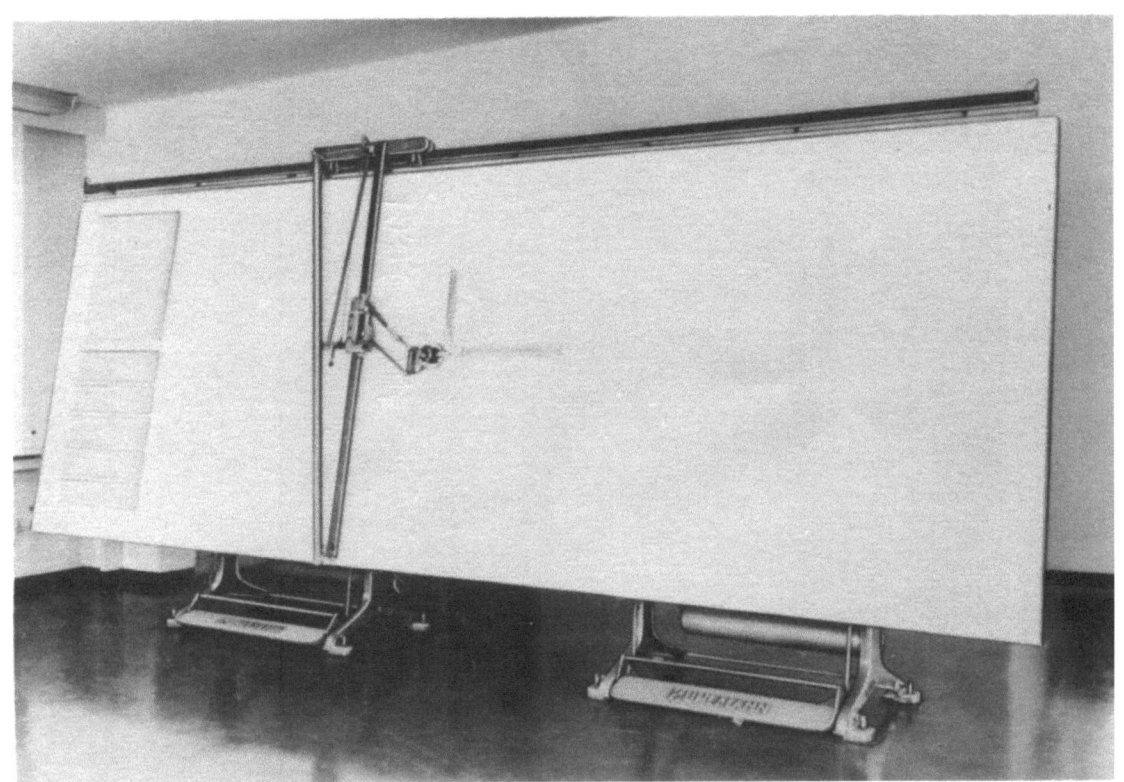

Abbildung 11

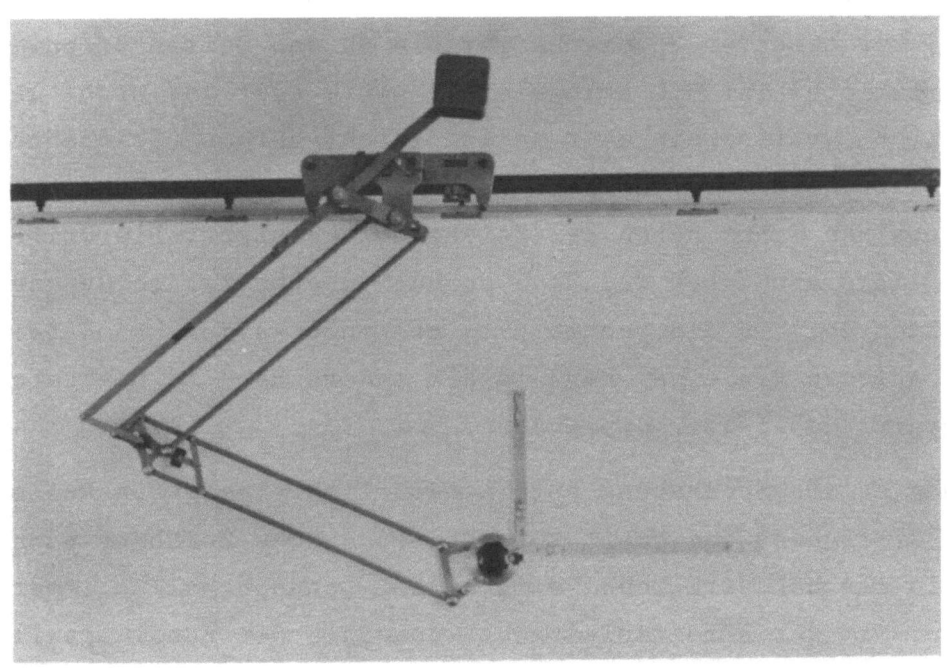

Abbildung 12

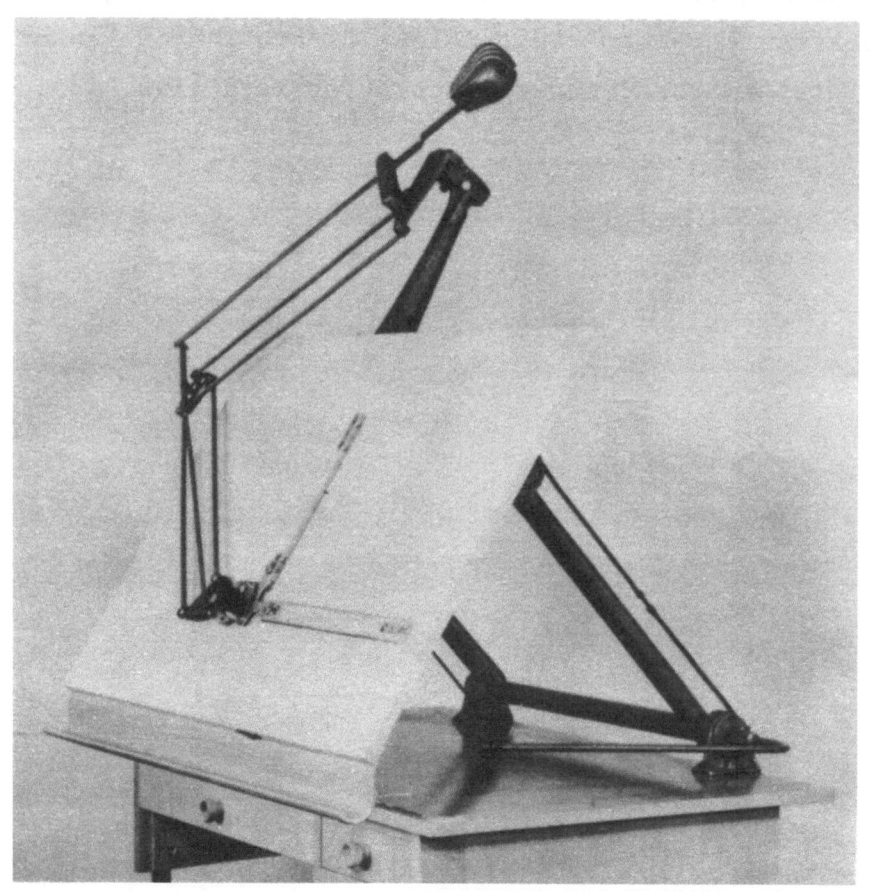

Abbildung 13

Die Ablegeleiste an der Unterkante des Zeichenbrettes kann verschiedene kleine Geräte beim Arbeiten aufnehmen. Sie ist häufig von Radierabfällen verschmutzt; zur besseren Reinigung ist sie an den Seiten offen. Für einige Arbeitsmittel ist die Ablegeleiste wenig oder gar nicht geeignet; sie liegen nicht griffbereit oder fallen leicht heraus (Zeichenbesen, Schablonen, Kurvenlineale). Deshalb legt man sie auf den Schreibtisch, der im allgemeinen links neben der Zeichenanlage steht. Die Griffbewegungen nach links sind aber für Rechtshänder ungünstig: die Gegenstände, die zum größten Teil in die rechte Hand genommen werden, sind beim Aufnehmen oder Ablegen von einer Hand in die andere Hand zu übergeben, oder eine Hand greift dabei über die andere.

Die Gewöhnung an die Handhabung spielt natürlich eine große Rolle. Außerdem hat die Griffgeschwindigkeit für das technische Zeichnen nicht die Bedeutung wie für handwerkliche Tätigkeiten. Dennoch sollte immer versucht werden, mit der Arbeitsplatzgestaltung die dem Handlungswillen entsprechenden günstigsten Griffolgen zu ermöglichen. Es ist außerdem

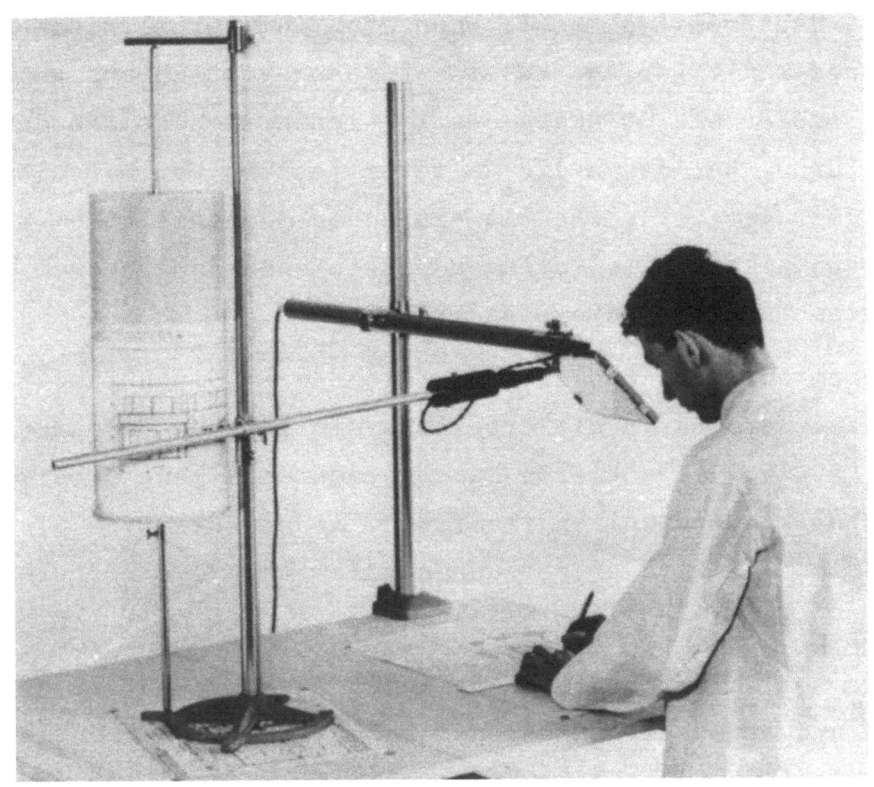

Abbildung 14

unvorteilhaft, wenn auf dem Schreibtisch die papierenen Unterlagen mit zum Teil scharfkantigen Geräten zusammenliegen. Beim Aufstützen der Hände oder Ellenbogen werden die verdeckten Gegenstände durch das Papier gedrückt oder beschädigt.

Diese und ähnliche arbeitsungünstige Verhältnisse lassen sich vermeiden, wenn ein besonderer <u>Ablegetisch</u> vorhanden ist.

Der technische Zeichner wird ihn bei der Arbeit rechts neben sich stellen. Vorteilhaft ist ein leicht beweglicher und für das Tätigsein im Sitzen und Stehen in der Höhe verstellbarer Tisch.

Wenn nach Vorlagen gezeichnet wird, dann sollen diese in der gleichen Ebene liegen, in der die neue Darstellung entsteht. Mit der Schwierigkeit der Zeichenaufgabe wächst auch die Bedeutung dieser Forderung. Das vorstellungsmäßige Umklappen der Darstellung in verschiedene Projektionsebenen wird durch zusätzliches Umdenken in die verschiedenen Lagen der Zeichenflächen erschwert. Solche Verhältnisse liegen zum Beispiel vor, wenn bei der Arbeit am aufrecht stehenden Zeichenbrett die Vorlagen auf flachen Tischen liegen oder an der Rückseite der Zeichenanlage des Arbeitsplatznachbarn aufgehängt werden.

Soweit es möglich ist, werden deshalb Vorlage und Zeichenbogen nebeneinander auf das Brett geheftet. Wenn die Platzverhältnisse dies nicht erlauben, sollte die Vorlage in eine Aufhängevorrichtung geklemmt werden können. Besser als Ständergestelle eignen sich solche Geräte für technische Büros, bei denen die Haltevorrichtung von einem biegsamen Panzerrohr getragen wird, das mit einfachem Mechanismus am Zeichenbrett befestigt werden kann. Die Vorlagen lassen sich dann bequem in die für die Einsichtnahme günstigste Lage bringen.

Die Möglichkeiten, beim technischen Zeichnen im Sitzen und Stehen arbeiten zu können, vermindern die arbeitsphysiologische Bedeutung des Zeichensitzes [5]. Wo viele kleine Zeichnungen anfallen, arbeitet der technische Zeichner hauptsächlich im Sitzen, denn, soweit es die Arbeitsbedingungen erlauben, wird er versuchen, die bequemere Körperhaltung einzunehmen.

Zeichensitze sollen Rücken- und möglichst auch Armstützen haben, damit die Rücken- und Armmuskeln gelegentlich entspannt oder entlastet werden können. Da die Armstützen beim Zeichnen oft im Wege sind, müssen sie sich leicht und geräuschlos wegklappen lassen. Der technische Zeichner empfindet es als sehr angenehm, wenn er im Sitzen seine Füße gegen Aufsätze oder Tritte stemmen kann. Ihre Lage könnte verstellbar vorgesehen werden.

Der Zeichensitz soll höhenverstellbar und drehbar sein. Er soll sich ohne Mühe und Geräusch verschieben lassen. Die Reibungskraft am Fußboden muß aber größer sein als die horizontale Komponente der Kraft, die auftritt, wenn bei der Arbeit im Sitzen der Oberkörper gegen die Zeichenanlage drückt oder die Tischverstellung betätigt wird.

Auf jeden Arbeitsplatz im technischen Büro gehört ein Schreibtisch für die Unterbringung der Unterlagen und Geräte. Nach ihrem Umfang richtet sich die Auslegung der Größe. So kann es genügen, wenn der Schreibtisch nur ein Seitenteil mit Schubladen hat.

Kleine Zeichengeräte kommen am besten in eine Ausziehplatte mit Einprägungen oder Fächerschaleneinsätzen. Der Gerätekasten am Tisch der Zeichenmaschine, der zu verschiedenen Modellen gehört, wird zweckmäßig nur für die Aufbewahrung selten gebrauchter Gegenstände benutzt (Lineale und Stabmaße mit größeren und kleineren Maßstäben, Kreissegmentschablonen).

Der Schreibtisch muß für die Aufbewahrung der Unterlagen und Geräte mit vorteilhaften Ordnungselementen ausgestattet sein. Wenig geeignet sind einfache Fächer in den Seitenteilen. Stattdessen sollten Schubladen (oder Rolladen) vorhanden sein, die sich möglichst weit ausziehen lassen. Leichte Zugänglichkeit trägt sehr zur häufigen Benutzung der Unterlagen bei. Die Schubladen werden vielfach austauschbar gestaltet, so daß sie in bestimmten Größen als Baueinheiten kombiniert werden können. Ferner kann sich unter der Tischplatte eine weitere offene Ablegefläche befinden.

Über die vielen kleinen <u>Zeichengeräte und Verbrauchsartikel</u> zeigt der Fachhandel in übersichtlichen Zusammenstellungen die jeweils neuesten Erzeugnisse. Wenn die Konstrukteure und technischen Zeichner genügend Einblick in das Angebot der Herstellerseite erhalten, werden viele Gegenstände schneller ihren Weg in die technischen Büros finden. Die Zeitspanne zwischen technischer Neuentwicklung und praktischer Anwendung läßt sich dadurch beträchtlich verkürzen.

Ein Reißzeug hoher Präzision gehört zu den wichtigsten Ausrüstungsstücken des technischen Zeichners. - Stabmaße sollen nur einen Maßstab tragen; das wiederholte Suchen nach der richtigen Skala ist lästig und zeitraubend. - Für Bleistifte und Füllbleistifte gibt es Spitzmaschinen; die Zeiten für diese Nebenarbeiten werden damit beträchtlich verkürzt; die Abfälle bleiben in der Maschine, so daß eine Verschmutzung des Büros durch Graphitstaub wie beim Wetzen der Minen auf Feilen oder Schmirgelpapier nicht auftritt. Zur Vermeidung gegenseitiger Störungen erhält am besten jeder Arbeitsplatz eine eigene Maschine. Sie kann sowohl für kegeliges als auch für flaches Spitzen eingerichtet sein. Es gibt außerdem runde und flache Füllminen.

Mit Schablonen lassen sich viele Arbeitseinsparungen erzielen. Neben den handelsüblichen für Kurven und Symbole ist es lohnenswert, Sonderformen für im Betrieb häufig vorkommende Darstellungen zu beschaffen. Das Sammeln und Zusammenstellen der dafür in Frage kommenden Zeichen ist vor allem Aufgabe der Normensachbearbeiter.

Radieren kann mit elektrischen Maschinen vorgenommen werden. Für ihre Verwendung beim technischen Zeichnen sind aber besonders hohe Anforderungen an die Leistung, Reinheit und Geräuschfreiheit zu stellen. Kabel für die Stromzufuhr stören bei der Arbeit. Batteriegeräte haben häufig zu geringe Leistung. Der Einsatzwert einzelner Typen ist durch Arbeitsstudien zu ermitteln.

4. Ersatz der Zeichenarbeit

Die Handarbeit beim Zeichnen kann zu einem großen Teil durch technische Hilfsmittel ersetzt werden. Gesamtdarstellungen, Baugruppen oder Einzelteile, die sich bei den Zeichenaufgaben eines Betriebes in gleicher oder ähnlicher Form wiederholen, werden durch Einsatz reproduktionstechnischer Mittel in die Darstellung übernommen.

Hierfür gibt es verschiedene Verfahren, die immer weiter verbessert, erweitert oder ergänzt werden. Welches davon im Einzelfall anzuwenden ist, hängt von mehreren Faktoren ab, insbesondere der Wirtschaftlichkeit, der erwünschten Qualität und Mindestlebensdauer der Zeichnungen.

Am weitesten verbreitet sind die lichttechnischen Verfahren (Fotografieren, Ab- und Durchlichten), da sie sich mit vorhandenen betriebseigenen Geräten durchführen lassen. Für größere Mengen sind drucktechnische Verfahren günstiger.

Auf diese Weise lassen sich manuelle Arbeiten beim technischen Zeichnen durch folgende Verfahren ersetzen:

a) Einzelheiten ändern: von Original- oder Stamm-Zeichnungen werden Positiv-Abzüge (fotografische Positive, Lichtpausen, transparente Mutterpausen) gemacht; an den Stellen der Veränderung wird die Darstellung gelöscht und die Andersgestaltung eingezeichnet. Nach der neuen Zeichnung oder den Abzügen davon erfolgt dann die Vervielfältigung.

b) Zusammensetzen von vorhandenen Teilen, Gruppen- oder Gesamtdarstellungen (Fotomontage): sie können durch zeichnerische Darstellung ergänzt und miteinander verbunden werden. Zum Lichtpausen sind davon dann neue Transparentoriginale durch Ablichten oder Fotografieren herzustellen.

c) Einfügen von Einzelheiten: aus andern Originalen entnommene Einzelheiten werden in die zeichnerische Darstellung geklebt. (Vervielfältigung wie unter b).)

Zur letztgenannten Möglichkeit gehört auch die Anwendung von Klebfolien, die mit häufig gebrauchten Symbolen, Zeichen, Linien oder Einzeldarstellungen bedruckt sind. Sie sind transparent, so daß sich die Zeichnung unmittelbar zum Lichtpausen verwenden läßt. Allerdings müssen dann die Folien auf die Rückseite der Zeichnung geklebt werden, damit diese nicht beim Durchgang durch die Pausmaschine an der erhitzten Glasplatte hängenbleiben. Rückseitiges Aufkleben ist aber sehr nachteilig, denn dabei sind die Randbefestigungen des Zeichenbogens zu lösen. Das nimmt viel Zeit in Anspruch, und der Bogen kehrt nicht genau in die gleiche Lage zurück. Deshalb klebt man Folien besser auf die Vorderseite, und stellt zum Lichtpausen ein neues Transparentoriginal her.

Das Beschriften von Hand läßt sich zu einem Teil durch Maschinenschreiben ersetzen. Dies ist vor allem mit solchen Eintragungen möglich, die nach Manuskripten vorgenommen werden, wie bei Stücklisten, Toleranztabellen und Anmerkungen. Je nach Vervielfältigungsverfahren wird man dazu transparentes oder nichttransparentes Papier nehmen und dies auf die Zeichnung kleben oder auf andere Weise in die Auslassung einfügen. - Maßeintragungen in die Darstellung sind von Hand (mit Tuscheschreiber, Tuschefüller) auszuführen, denn die dabei gegebenen Fehlermöglichkeiten und die Schwierigkeiten der Kontrollen stellen alle andern Verfahren infrage.

Inwieweit die gegebenen Möglichkeiten ausgenutzt werden, Zeichenarbeiten durch andere Verfahren zu verkürzen oder zu ersetzen, hängt hauptsächlich von den Leistungen des betrieblichen Normenwesens ab. Es ist günstig, wenn sämtliche Zeichnungen eines Betriebes zentral erfaßt werden, so daß sich alle zur Normung und Wiederverwendung geeigneten Darstellungen herausziehen lassen. Die weitere Aufgabe besteht darin, sie in praktischer Form zusammenzustellen und jedem Arbeitsplatz im technischen Büro zum ständigen Gebrauch zugänglich zu machen.

5. Vereinfachte Darstellung

Neben Verbesserungsmöglichkeiten in der Arbeits- und Verfahrenstechnik des technischen Zeichnens kann in bestimmtem Umfang Zeichenarbeit durch Vereinfachen der Darstellungsformen eingespart werden. Dem einzelnen bleibt dazu nur ein geringer Spielraum innerhalb des Üblichen und Allgemeingültigen. Weitergehende Vereinfachungen können nur für den ganzen Betrieb verbindlich in Werksnormen festgelegt werden.

Dabei sind aber gewisse Grenzen gesetzt. Die zu Normen gewordenen Regeln des technischen Zeichnens entstanden aus dem Bemühen, eine zeichnerisch-darstellerisch einfache und als Fertigungsanweisung lesbare Form zur

Abbildung aller technischen Dinge zu finden. Werden aus dem betrieblichen Rahmen weitere Vereinfachungen geschaffen, gehen andere Eigenschaften der Darstellung zurück, wie vor allem deren Eindeutigkeit und Allgemeingültigkeit.

Vereinfachte Darstellung wird bereits angewandt, wenn die Gegenstände anders als in den Umrissen ihrer Erscheinungsform in rechtwinkliger Parallelperspektive zur Abbildung kommen. Auf diese Weise läßt sich Zeichenarbeit einsparen (Sinnbilder), oder mehr Einzelheiten können gezeigt werden (Drehen in Ansichtebene). Beispiele dafür enthalten folgende DIN - Normen:

$$6, 27, 29, 30, 37, 332, 407, 509, 1911, 1912,$$
$$2429, 2430.$$

In größerem Umfang werden in den Zeichnungen der Elektrotechnik Sinnbilder gebraucht.

In der amerikanischen Literatur finden sich in den letzten Jahren viele Entwürfe zu einer allgemeinen vereinfachten zeichnerischen Darstellung [6, 7]. Danach sollen durch Text und Bezugslinien möglichst viele Ansichten, Schnittdarstellungen, Maßzahlen, -Linien und -Hilfslinien ersetzt werden; wo immer möglich, sind ferner die Darstellungen freihandzuzeichnen und die Eintragungen mit Schreibmaschine vorzunehmen.

Soweit diese Vereinfachung nicht bereits Bestandteil unserer Darstellungsformen sind, ziehen sie in der Anwendung auf unsere in vieler Beziehung anders gelagerten Verhältnisse die eingangs dieses Abschnittes genannten Folgen nach sich. Die verbale Beschreibung anstelle von zeichnerischer Darstellung erhöht die Anforderungen an das Vorstellungsvermögen für die in der Werkstatt Tätigen. Da sie die Gegenstände ihrer Arbeit in körperlicher Wirklichkeit wahrnehmen, ist ihr vorstellungsmäßiges Denken nicht so ausgeprägt, wie es meistens von technischen Angestellten eingeschätzt wird. - Wie Versuche zeigten, gehen Zeiteinsparungen durch die freizügigere zeichnerische Gestaltung wieder verloren für Entscheidungen und laufende Änderungen, nachdem die Sicherheit bekannter Regeln verlassen wurde. Außerdem treten trotz größerer Anspannung und Aufmerksamkeit mehr Fehler auf. - Ferner lassen die heutigen Möglichkeiten in der Ausrüstung der Arbeitsplätze mit Zeichenmaschinen und -geräten Arbeitsvereinfachungen der vorgenannten Art nicht mehr sinnvoll erscheinen. Maschinenzeichnen ist schneller als Handzeichnen, wenn bestimmte Genauigkeitsanforderungen gestellt werden.

Für bestimmte Zwecke können Zeichnungen durch Koordinatenbemaßung vereinfacht werden. Die Grundsätze dafür lassen sich nach den Ergebnissen eigener Versuche folgendermaßen zusammenfassen (Abb. 15):

a) Koordinaten (im allgemeinen orthogonale) werden durch die Zeichnung als Bezugslinien für die Bemaßung gelegt. Ihre Lage kann nach funktionellen, fertigungstechnischen oder darstellerisch-zweckmäßigen Gesichtspunkten gewählt werden.

b) Die Maßzahlen geben den senkrechten Abstand der Linien oder Punkte von den Koordinaten an und stehen aufrecht zu diesen auf (in Ausnahmefällen auch unter) der zugehörigen Linie.

c) Maß-Linien, -Pfeile und -Hilfslinien entfallen.

d) Die Maßangaben der Kreisdurchmesser und Radien stehen auf den zugehörigen Linien in Schrägstellung zu den Koordinaten.

Im übrigen gelten die Regeln des technischen Zeichnens. Sie können auch miteinander kombiniert werden, wenn die Koordinatenbemaßung für einige Einzelheiten zu unvorteilhaft wird.

Im Mitteilungsverkehr innerhalb des technischen Büros lassen sich diese Vereinfachungen anwenden. Die Entwürfe danach zu bemaßen erleichtert sehr die Arbeiten in den folgenden Stufen.

Die Koordinatenbemaßung wird aber für die als Fertigungsunterlagen in die Werkstatt gehenden Zeichnungen kaum zur Anwendung kommen können, denn die sich dabei ergebenden Schwierigkeiten stehen in ungleichem Verhältnis zu den Vorteilen der Arbeitszeiteinsparung im technischen Büro. Allerdings gibt es in der industriellen Produktion immer mehr Werkzeugmaschinen, für die in Koordinatenbemaßung fertigungsgerechte Zeichnungen zu erstellen sind (Bohrwerke, programmgesteuerte Werkzeugmaschinen).

6. Zusammenfassung

Die Möglichkeiten zur Verbesserung der Arbeiten am Zeichenbrett wurden in arbeitstechnischer Hinsicht untersucht. In der Ausnutzung der technischen Mittel liegen in den meisten Betrieben noch große Arbeitsreserven.

Bei der Einführung von Rationalisierungsmaßnahmen ist es von Wichtigkeit, vorher das Ausmaß der zu erwartenden Auswirkungen auf die Gesamtarbeit

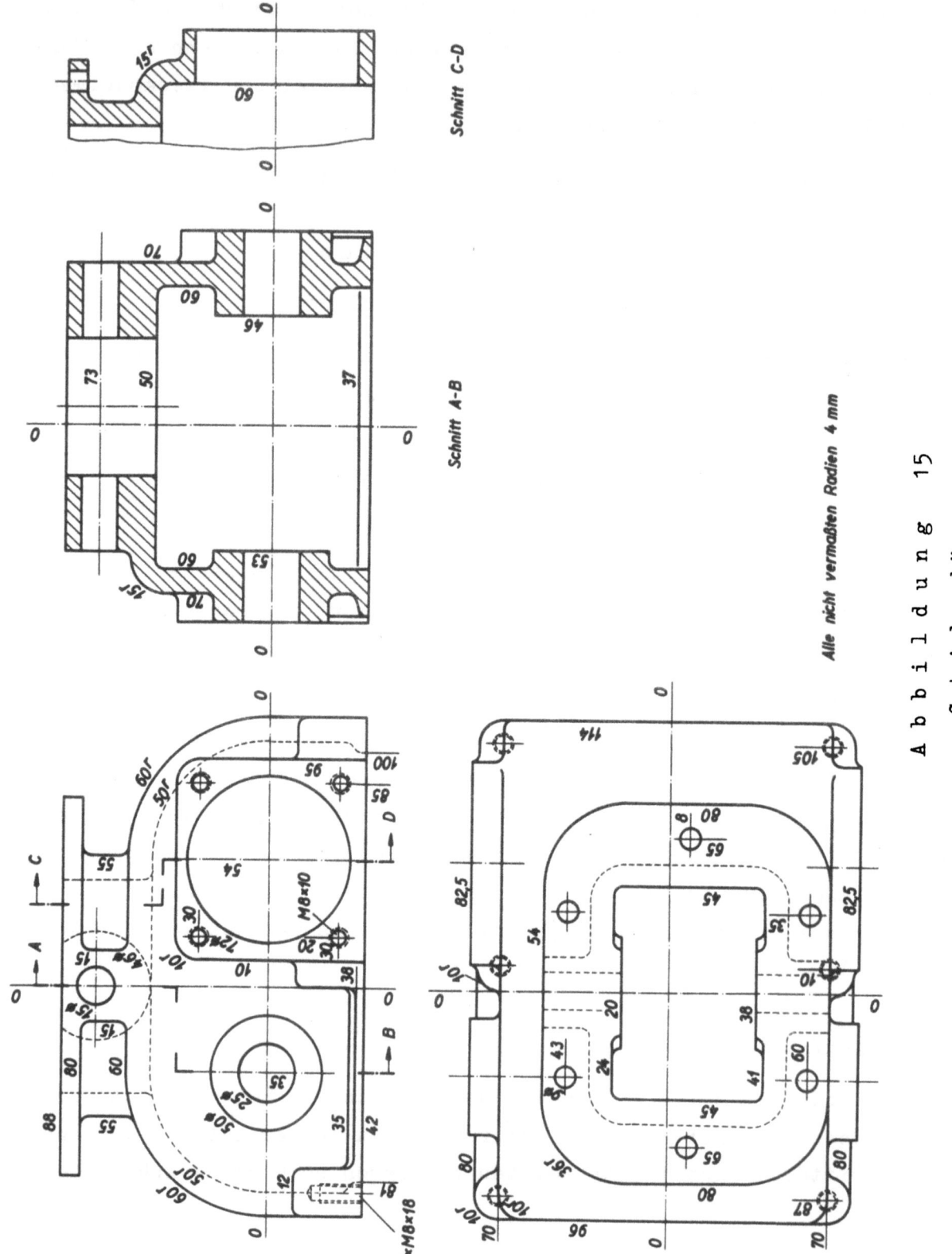

Abbildung 15
Getriebegehäuse

abschätzen zu können. Die Verschiedenartigkeit der Tätigkeiten und der Organisation der technischen Büros ist ein weiterer der Gesichtspunkte, die es notwendig machen, als erste Aufgabe Übersichten über die Arbeitsverteilung durch Zeitaufnahmen zu erstellen.

Die einzelnen Verrichtungen beim Zeichenvorgang lassen sich mit zweckmäßigen Geräten erleichtern und beschleunigen. Sie sind physiologisch und arbeitstechnisch günstig zu gestalten und anzuordnen; ihre Handhabung muß mit dem natürlichen menschlichen Handlungsstreben im Einklang stehen. Die geistige Tätigkeit des technischen Zeichnens bedingt höhere Anforderungen an eine ästhetisch und psychologisch angepaßte Umgebung. Durch verschiedene technische Verfahren können manuelle Zeichenarbeiten ersetzt und ergänzt werden. Die Auswahl hängt sehr von den betrieblichen und den im Einzelfall gegebenen Verhältnissen ab.

In bestimmten Grenzen lassen sich Arbeitseinsparungen durch Vereinfachen der zeichnerischen Darstellung erzielen.

                                                Dipl.-Ing. Franz HILDEBRANDT

7. Literaturverzeichnis

[1] TANON — De l'attitude physiologique defecteuse des dessinateurs industrielles et de sa pathologie,
Anales d'Hygiene 6 (1951) S. 279-284

[2] BACHMANN-FORBERG — Technisches Zeichnen,
B.G. Teubner Verlagsgesellschaft,
Stuttgart

[3] de JONG — Multimomentaufnahmen,
Arbeitswissenschaftlicher Auslandsdienst
1954/Jan., S. 13-20

[4] GAUGLER — Kapitalbedarf und Vermögensausstattung betrieblicher Arbeitsplätze
Teil A: Arbeitsplätze in Leitung und Verwaltung
Schriftenreihe der Forschungsstelle für Betriebswirtschaft und Sozialpraxis,
München 1958

[5] STIER — Zweckmäßige Arbeitssitze,
Erfahrungsbericht aus dem Max-Planck-Institut für Arbeitsphysiologie,
Dortmund 1956

[6] BURWELL — Drafting Short Cuts,
Machine Design Vol. 28, No. 16
(April 1956) S. 83-85

[7] — A Survey of Pros and Cons of Simplified Drafting, Machine Design Vol. 8,
No. 8 (April 1956) S. 96-99

Teil B
Untersuchungen am Arbeitsplatz des Zeichners

G l i e d e r u n g

1. Aufgabenstellung . . . . S. 34
2. Bisherige Untersuchungen . . . . S. 34
3. Versuche zur Bestimmung der optimalen Blickneigung . . . . S. 35
4. Untersuchung der Arbeitsweise des Zeichners in Konstruktionsbüros . . . . S. 39
5. Einfluß der Brettneigung auf den Zeitbedarf und die Qualität der Zeichenarbeit . . . . S. 50
6. Entwicklung und Erprobung einer neuartigen Zeichenanlage . S. 54
7. Der zweckmäßige Sitz des Zeichners . . . . S. 56
8. Zusammenfassung . . . . S. 60
9. Literaturverzeichnis . . . . S. 61

1. Aufgabenstellung

Während die Rationalisierung in den Fertigungsbetrieben schon seit langem Eingang gefunden und dort seit der Jahrhundertwende eine Produktivitätssteigerung von rund 1000 % bewirkt hat, kommt sie in den Büros nur langsam in Fluß: seit der Jahrhundertwende wurde deren Produktivität nur um rund 20 % gesteigert [1]. Der Grund dafür liegt vermutlich darin, daß die vorwiegend geistige Tätigkeit im Büro eine große Vielfalt der Ausführungsmöglichkeiten zuläßt, die nicht immer einer vernunftgemäßen Planung zugänglich sind. Mit Sicherheit lassen sich aber Aussagen über eine rationelle Gestaltung, Anordnung und Verwendung aller technischen Hilfsmittel machen, die heute in immer größer werdendem Umfang im Büro eingesetzt werden. Gerade das Konstruktionsbüro besitzt eine umfangreiche technische Ausrüstung. Die heute fast allgemein verwendete aufrechtstehende, verstellbare Zeichenanlage zum Beispiel steht bereits auf einer hohen Entwicklungsstufe hinsichtlich ihrer technischen Funktion und ihrer Genauigkeit. Es darf aber nicht vergessen werden, daß jede Rationalisierung vom Menschen ausgeht und dem Menschen dienen muß. Auch die Zeichenanlage muß daher am Maßstab der Eigenschaften und Fähigkeiten des Menschen gemessen werden, wenn man sie rationell gestalten will.

In der folgenden Untersuchung sollen nun einige Aspekte des Zusammenhangs zwischen dem Zeichner und seinem Arbeitsplatz behandelt werden, aus denen dann praktische Schlußfolgerungen für die Gestaltung des Zeichenarbeitsplatzes gezogen werden können.

2. Bisherige Untersuchungen

Über die gesundheitlichen Schädigungen durch schlechte Körperhaltung liegt eine Untersuchung von TANON [2] vor. TANON beschäftigt sich insbesondere mit den Folgen der Arbeit am liegenden Brett und nennt als Schädigungen in erster Linie Deformationen des Skeletts und Magenbeschwerden.

Eine Untersuchung des BATTELLE MEMORIAL INSTITUTES [3] gibt Aufschluß über den Zeitgewinn, der sich mit einer zweckmäßigen technischen Ausrüstung des Arbeitsplatzes erzielen läßt. Weiterhin wird durch Befragung von 300 Zeichnern festgestellt, daß die stehende Arbeitshaltung am liegenden Brett eine weitaus größere Zahl von körperlichen Beschwerden verursacht als die Arbeit am aufrechtstehenden Brett.

3. Versuche zur Bestimmung der normalen Blickneigung

Zweck der Versuche:

Ein großer Teil aller statischen Muskelarbeit besteht in Zwangshaltungen des Körpers. Dabei können auch kleine und kleinste Muskelpartien eine Rolle spielen und können bei einer erzwungenen Daueranspannung zu einem allgemeinen Ermüdungsgefühl im ganzen Körper führen. Wenn man derartige Dauerspannungen vermeiden will, muß man also die Normalhaltungen des Körpers und seiner Gliedmaßen kennen und den Arbeitsplatz entsprechend einrichten. Zu diesen Normalhaltungen gehört auch die Blickneigung gegen die Horizontale, denn sie gibt an, wo sich ein über längere Zeit zu beobachtendes Objekt, sei es ein Werkstück, sei es das Zifferblatt eines Meßgerätes, befinden muß, damit es bequem betrachtet werden kann. Für den Arbeitsplatz des Zeichners ist die Blickneigung darüber hinaus für die richtige Neigung der Zeichenfläche von Bedeutung, denn Blickrichtung und Zeichenfläche sollen möglichst aufeinander senkrecht stehen. Aus diesen Gründen wurden Versuche zur Bestimmung der normalen Blickneigung durchgeführt.

Versuchsanordnung:

An der Tischplatte eines Zeichentisches war eine einseitig geöffnete, zylinderförmige Skala befestigt (Abb. 1), die um ihren Mittelpunkt drehbar war. Der Radius der Zylinderskala betrug 30 cm. Die Skala war 100 mm breit und war in Abschnitte eingeteilt, von denen jeder einem Zentriwinkel von 5° entsprach. Jeder Abschnitt war mit einer Zahl bezeichnet. Mit Hilfe eines feststehenden Zeigers konnte die Skala auf jeweils eine bestimmte Zahl eingestellt werden.

Die Versuchsperson wurde aufgefordert, an das Gerät heranzutreten und eine bequeme Körper- und Kopfhaltung einzunehmen. Nach einigen Minuten wurde dann die Zylinderskala so eingestellt, daß sich die Augen der Versuchsperson im Drehpunkt der Skala befanden. Die Versuchsperson konnte so beim Heben und Senken des Blickes alle Abschnitte der Skala aus gleicher Entfernung und in senkrechter Draufsicht sehen. Die Versuchsperson bekam nun die Aufgabe, von den Abschnitten denjenigen auszusuchen und zu nennen, auf den sie am bequemsten blicken könnte. Nachdem dies geschehen war, konnte mit Hilfe des feststehenden Zeigers die gewählte Blickneigung gegen die Horizontale errechnet werden. Danach wurde die Zylinderskala um einen bestimmten Winkel gedreht und die Versuchsperson aufgefordert, den jetzt günstigsten Abschnitt zu nennen. Das Ausmaß

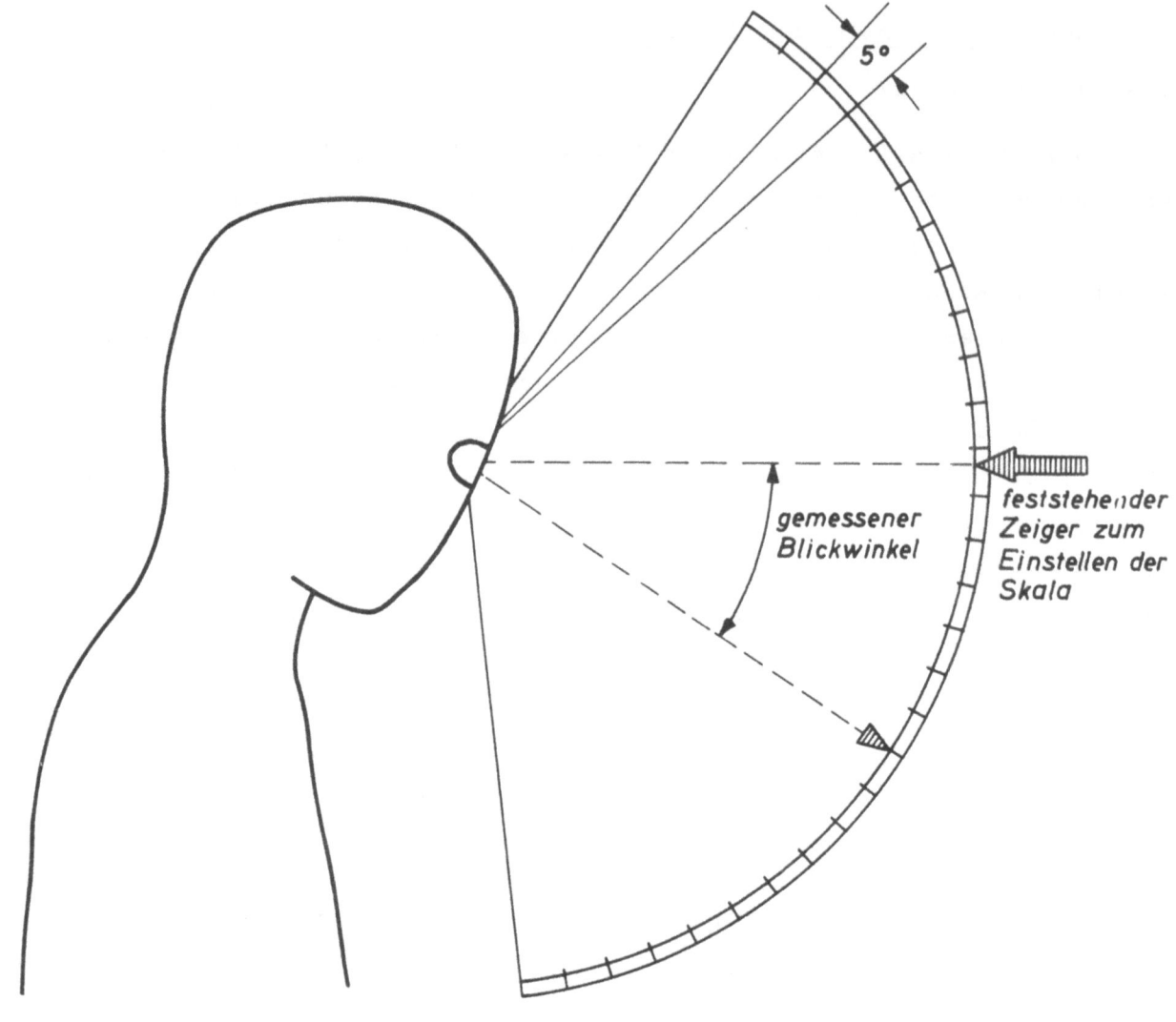

A b b i l d u n g   1
Versuchsanordnung zur Ermittlung der optimalen Blickneigung

der Drehung wechselte unregelmäßig und die Versuchsperson wurde deshalb angewiesen, während der Verstellung die Augen zu schließen, um später unbefangen einen günstigen Abschnitt suchen zu können.

Bei neun Versuchspersonen wurden im Sitzen und im Stehen je 50 derartige Beobachtungen gemacht.

Ergebnis:

Das Ergebnis ist in Tabelle 1 und Abbildung 2 zusammengefaßt. Es ergab sich eine normale Blickneigung von $\sim 30°$ im Stehen und $\sim 38°$ im Sitzen. Diese Blickneigungen setzen sich aus der eigentlichen Blicksenkung der Augen gegenüber dem Kopf und einer Neigung des Kopfes gegenüber dem Rumpf zusammen. Die Tatsache, daß die Blickneigung im Sitzen größer ist als im Stehen, kann man dadurch erklären, daß der obere Teil der Wirbelsäule im Sitzen stärker nach vorn geneigt wird.

Tabelle 1

Normale Blickneigung gegen die Horizontale

Name	sitzend		stehend	
	AM	σ	AM	σ
D a	35	± 7,26	22	± 2,94
G r	46	± 4,08	45	± 3,61
K l	47	± 3,36	32	± 3,84
K o	30	± 4,25	26	± 4,97
K r	34	± 4,49	35	± 4,28
S t	39	± 3,90	30	± 2,80
R e	42	± 4,90	32	± 3,68
W a	30	± 2,71	25	± 1,57
M a	39	± 8,13	21	± 2,38
arithmetisches Mittel	38	± 4,80	30	± 3,40
mittl. Abweichung des einzelnen Mittelwerts vom Gesamt-Mittelwert	± 6,3°		± 7,5°	
mittl. Fehler des Gesamt-Mittelwerts	± 2,1°		± 2,5°	

Die Streuung der Ergebnisse um den Mittelwert der einzelnen Versuchspersonen beträgt im Mittel 4,8° bzw. 3,4° und ist damit geringer als die mittlere Streuung aller Versuchspersonen um den Gesamtmittelwert, der 6,3° bzw. 7,5° beträgt. Diese verhältnismäßig geringe Streuung der Werte der einzelnen Versuchspersonen ist vermutlich darauf zurückzuführen, daß während des Versuches die einmal gewählte Kopfhaltung im wesentlichen unverändert blieb und damit eine der beiden Einflußgrößen konstant gehalten wurde. Für das Auge allein gibt es also eine ziemlich ausgeprägte Ruhelage, eine "physiologische Nullage", die sich mit etwa

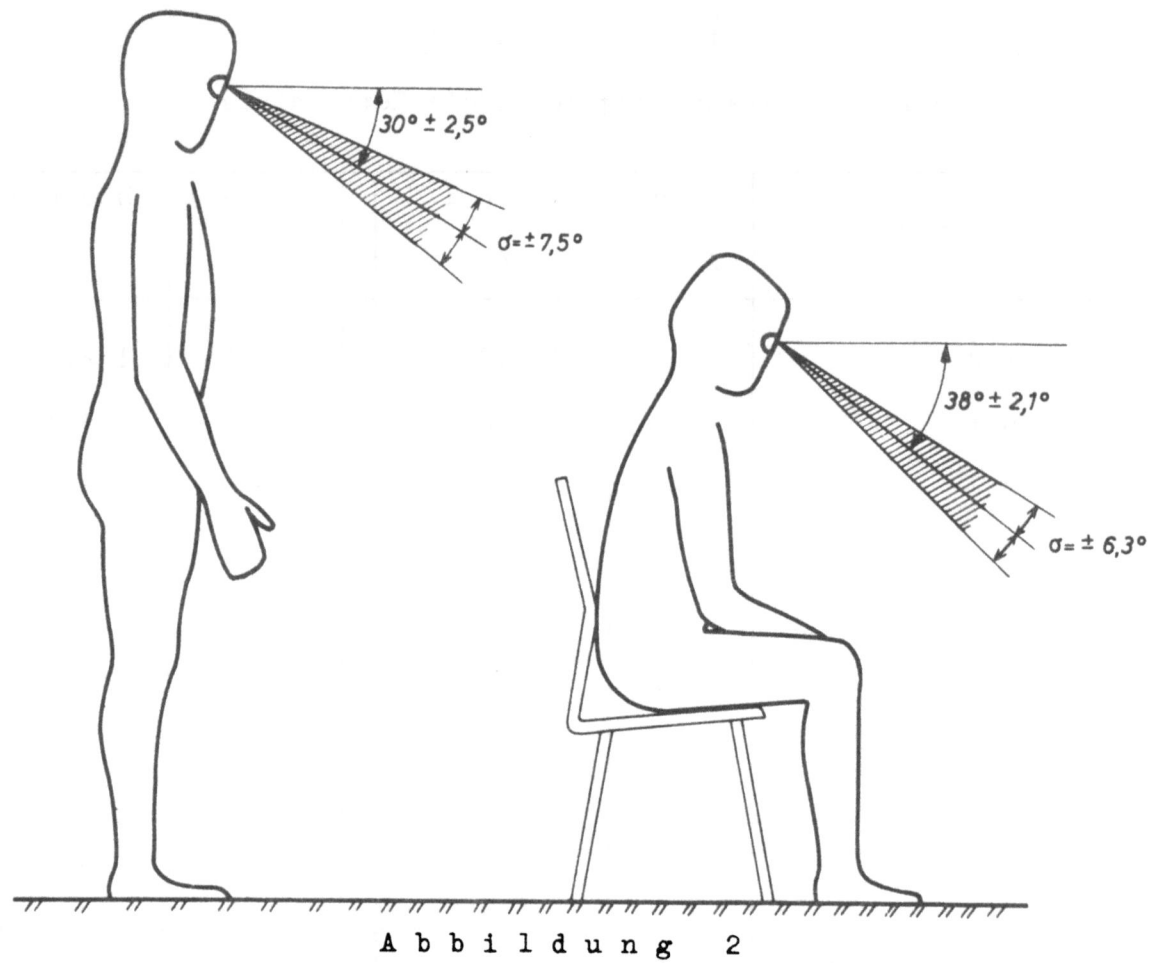

Abbildung 2
Normale Blickneigung im Stehen und Sitzen

± 5°, d.h. etwa ± 5 % des gesamten Sehbereiches, angeben läßt. Dazu kommt dann noch die etwas größere Streuung der individuellen Kopfneigung.

Bei der Zeichenarbeit am Brett handelt es sich um eine Tätigkeit, bei der das Auge vielfach Meß- und Schätzfunktionen zu erfüllen hat. Diese Funktionen können am besten dann erfüllt werden, wenn die Blickrichtung senkrecht auf der Zeichenfläche steht. Es wird daher vermutet, daß eine möglichst senkrechte Draufsicht auf die Zeichenfläche für die Zeichner von großer Bedeutung ist und von von ihnen angestrebt wird. Demnach müßte der durchschnittliche Neigungswinkel des Zeichenbrettes gegen die Horizontale im Stehen 60° und im Sitzen 52° betragen. Inwieweit die Arbeitsverhältnisse in der Praxis diese Vermutung rechtfertigen, wird durch die im folgenden beschriebene Untersuchung geklärt.

4. Untersuchung der Arbeitsweise des Zeichners in Konstruktionsbüros

Zweck der Untersuchung:

Durch die Untersuchung soll ein Bild von der derzeitigen Arbeitsweise in Zeichenbüros gegeben werden im Hinblick auf Verbesserungsmöglichkeiten arbeitsphysiologischer Art am Arbeitsplatz des Zeichners. Die Untersuchung erstreckt sich im wesentlichen auf zwei Punkte:

1. Die prozentuale Verteilung einzelner Tätigkeitsarten, wobei zwischen Sitzen und Stehen unterschieden wird.

2. Brettneigung und Lage des Arbeitsbereiches auf dem Brett.

Punkt 1 soll insbesondere die Frage klären, wieviel Prozent der Arbeitszeit der Zeichner tatsächlich zeichnet und wieviel Prozent dieser Zeit im Stehen bzw. Sitzen. Da anzunehmen ist, daß diese Frage wesentlich von der Art der Tätigkeit abhängt, wurde die Untersuchung in zwei verschiedenen Betrieben durchgeführt, und zwar

A. in einem Betrieb, der sich hauptsächlich mit der Planung und dem Entwurf verfahrenstechnischer Anlagen beschäftigt,

B. in einem Betrieb des Schwermaschinenbaus mit starkem Anteil an Detailkonstruktion.

Punkt 2 sollte Aufschluß über die eigentliche Brettarbeit geben, über die Ausnutzung der Verstellmöglichkeit und die Zusammenhänge zwischen Körperhaltung, Brettneigung und der Lage des Arbeitsbereiches auf dem Brett. Aus diesen Unterlagen sollen dann Rückschlüsse auf mögliche Verbesserungen der Zeichenanlage gezogen werden.

Methode:

Es wurde als unzweckmäßig erachtet, Zeitaufnahmen mit der Stoppuhr vorzunehmen, weil diese zu viel Zeit in Anspruch nehmen und im übrigen aus psychologischen Gründen unangebracht erscheinen. Stattdessen wurde die Methode der "Multimomentaufnahme" [2] gewählt, ein Verfahren, bei dem sich die gesuchten Zeitanteile statistisch aus einer großen Anzahl einzelner Beobachtungen ergeben. Es wurden zu diesem Zweck in unregelmäßigen Zeitabständen Rundgänge durch die Zeichensäle gemacht und an jedem vorher festgelegten Arbeitsplatz die im Augenblick des Vorbeigehens erfolgende Tätigkeit in einer Strichliste - gemäß Abbildung 3 - notiert. Von der Häufigkeit des Auftretens einzelner Tätigkeitsarten wird dann

Datum:										Beobachter:									Firma:			
Tätigkeit	Arbeitsplatz Nr.																				Σ 1–20	% der Ges.Zeit
sitzend	Gerät vorbereiten																					
	Zeichnen																					
	Lesen (Rechnen)																					
	Besprechen																					
	willkürl. P.																					
	Σ sitzend																					
stehend	Gerät vorbereiten																					
	Zeichnen																					
	Lesen (Rechnen)																					
	Besprechen																					
	willkürl. P.																					
	Σ stehend																					
	abwesend																					
	Σ																					

Abbildung 3

Muster eines Aufnahmebogens für die Tätigkeitsarten

aufgrund wahrscheinlichkeitstheoretischer Überlegungen auf den Zeitanteil der betreffenden Tätigkeiten an der Gesamtzeit geschlossen.

Es wurden folgende Tätigkeitsarten unterschieden:

1. Gerät vorbereiten (z.B. Bleispitz spitzen, Papier aufspannen, Zeichenanlage verstellen)
2. Zeichnen
3. Lesen, rechnen (z.B. Zeichnungen betrachten, überlegen, schreiben)
4. Besprechen (dienstliche Gespräche)
5. Willkürliche Pause (z.B. private Unterhaltung, frühstücken)
6. Abwesend vom Platz (nur dann, wenn sich nicht im Augenblick feststellen läßt, wo der betreffende Zeichner sich befindet und was er tut).

Es ist einleuchtend, daß es dem Beobachter nicht möglich sein wird, in jedem Fall die Tätigkeitsarten 3 und 5 sowie 4 und 5 exakt voneinander zu unterscheiden. Darüber hinaus können die genannten Tätigkeiten auch in der Tätigkeitsart 6 enthalten sein. Bei Besprechungen ist z.B. meistens mindestens einer der Partner von seinem Platz abwesend. Der Beobachter hat bei seinen Rundgängen aber meistens weder die Zeit noch die Möglichkeit, gleich festzustellen, wo sich der betreffende abwesende Zeichner befindet und was er tut. Die sich für die genannten Tätigkeitsarten ergebenden Prozentsätze sind deshalb mit einer gewissen Unsicherheit behaftet, die von der im folgenden behandelten statistischen Unsicherheit unabhängig ist.

Die notwendige Anzahl von Beobachtungen richtet sich nach dem kleinsten zu erwartenden Zeitanteil und nach der erforderlichen Genauigkeit des Ergebnisses.

$$n = \frac{1,96^2 (1 - p)}{\varepsilon^2 \cdot p}$$

p = kleinster zu erwartender Prozentsatz
ε = Genauigkeit (%)

Für p wurde ein Prozentsatz von 10 % gewählt, da kleinere Zeitanteile im Rahmen dieser Untersuchung nicht von Bedeutung sind und da die notwendige Anzahl von Beobachtungen mit kleiner werdenden Zeitanteilen sehr stark anwächst. Eine Genauigkeit ε von $\pm$ 10 % erschien ausreichend. Damit ergab sich eine Anzahl von

$$n = \frac{1{,}96^2 (1-p)}{\varepsilon^2 \cdot p} = \frac{1{,}96^2 \cdot 0{,}9}{0{,}01 \cdot 0{,}1} = 3450 \text{ Beobachtungen}$$

Vor Beginn der Untersuchung wurden diejenigen Arbeitsplätze ausgeschieden, von denen vorauszusehen war, daß die Arbeiten während der Untersuchungsdauer wesentlich von der normalen Tätigkeit abweichen würden. Die Zeichner und Konstrukteure wurden über Sinn und Zweck des Vorhabens unterrichtet, wobei besonders darauf hingewiesen wurde, daß ihre Unbefangenheit eine wesentliche Voraussetzung zum Gelingen der Untersuchung sei.

Die Rundgänge erstreckten sich über den ganzen Arbeitstag. Für Vor- und Nachmittage wurden jeweils gesonderte Beobachtungsbögen verwendet, um einen möglichen Einfluß der Tageszeit mit zu erfassen.

Im Betrieb A erstreckten sich die Beobachtungen bei 70 Arbeitsplätzen über 3 1/2 Tage, im Betrieb B bei 66 Arbeitsplätzen über 3 Tage.

Auf einem weiteren Beobachtungsbogen (Abb. 4) wurden von einem zweiten Beobachter die Neigung des Brettes und der Arbeitsbereich auf dem Brett notiert. Diese Angaben wurden geschätzt. Zur Angabe des Arbeitsbereiches wurde das Brett gedanklich in vier horizontale Abschnitte, von oben nach unten numeriert, eingeteilt.

Ergebnisse:

Insgesamt wurden folgende Zeitanteile in Prozenten der Gesamtzeit für die einzelnen Tätigkeitsarten festgestellt (s. Tab. 2).

Die weniger häufigen Tätigkeiten (unter 5 %) weisen einen mittleren Fehler von 15 bis 20 % auf, während für alle anderen Werte der Fehler zwischen 5 und 15 % liegt.

Die Ergebnisse zeigen, daß während etwa 1/3 der gesamten Arbeitszeit gezeichnet wird. Im Betrieb A ist es naturgemäß etwas weniger, weil der Anteil der planenden und rechnenden Tätigkeit größer ist - im Betrieb B etwas mehr, weil die Detailkonstruktion vorwiegend Brettarbeit ist. Größer ist der Unterschied beider Betriebe hinsichtlich der Verteilung zwischen sitzender und stehender Zeichenarbeit. Im Betrieb A wird 1,3-mal, im Betrieb B 2,5mal soviel im Stehen wie im Sitzen gezeichnet. Dieser Unterschied besagt, daß bei der mehr planerischen Konstruktionsarbeit

Datum:																																																								Beobachter:																																											Firma:				
Arbeitsplatz:																																																																																																																										
Bereich	1	2	3	4	1	2	3	4	1	2	3	4	1	2	3	4	1	2	3	4	1	2	3	4	1	2	3	4	1	2	3	4	1	2	3	4	1	2	3	4	1	2	3	4	1	2	3	4	1	2	3	4	1	2	3	4	1	2	3	4
sitzend 15°																																																													
30°																																																													
45°																																																													
60°																																																													
75°																																																													
stehend 15°																																																													
30°																																																													
45°																																																													
60°																																																													
75°																																																													

A b b i l d u n g 4

Muster eines Aufnahmebogens für die Arbeitsweise am Brett

Tabelle 2

Ergebnis der Multimomentaufnahmen in den Betrieben A und B

Tätigkeitsart	Gesamtanteil [%]		davon sitzend [%]		stehend [%]	
Betrieb	A	B	A	B	A	B
1. Gerät vorbereiten	5	4	1	1	4	3
2. Zeichnen	28	35	12	10	16	25
3. Lesen, rechnen	29	23	21	14	8	9
4. Besprechen	14	14	4	3	10	11
5. Willkürl. Pause	4	4	2	2	2	2
6. Abwesend vom Platz	20	20				
Σ 1...6	100	100	40	30	40	50

des Betriebes A relativ zur Gesamtzeichenarbeit bedeutend mehr sitzend gearbeitet wird als im Betrieb B. Die Ursache hierfür kann darin liegen, daß der Konstrukteur des Betriebes A sehr häufig zwischen Schreibtisch und Brett hin- und herpendeln muß, wobei er nicht jedesmal vom Stuhl aufsteht. Der Unterschied kann auch in der Ausbildung begründet sein, indem im Betrieb A relativ viele Ingenieure im Zeichenbüro tätig sind, während im Betrieb B verhältnismäßig viele technische Zeichner arbeiten, die mehr an stehende Arbeit gewöhnt sind.

Die angegebenen Prozentsätze für sitzende und stehende Tätigkeit erlauben nun noch keinen Schluß auf das Verhalten des einzelnen Zeichners. Es ist also noch ganz offen, ob die Zeichner im Durchschnitt in dem gefundenen Verhältnis zwischen sitzender und stehender Tätigkeit abwechseln oder ob die Arbeit von einem Teil der Leute ausschließlich oder überwiegend im Stehen, von einem anderen Teil im Sitzen ausgeführt wird. Um diese Frage zu klären, wurden für jeden Arbeitsplatz die Notierungen für "zeichnen sitzend" und "zeichnen stehend" getrennt summiert und der Quotient $\frac{\Sigma \text{ sitzend}}{\Sigma \text{ stehend}}$ gebildet. Die Häufigkeitsverteilung dieses Quotienten (Abb. 5) gibt an, in welchem Verhältnis durchschnittlich zwischen Sitzen und Stehen abgewechselt wird. Je weiter die Quotienten von 1

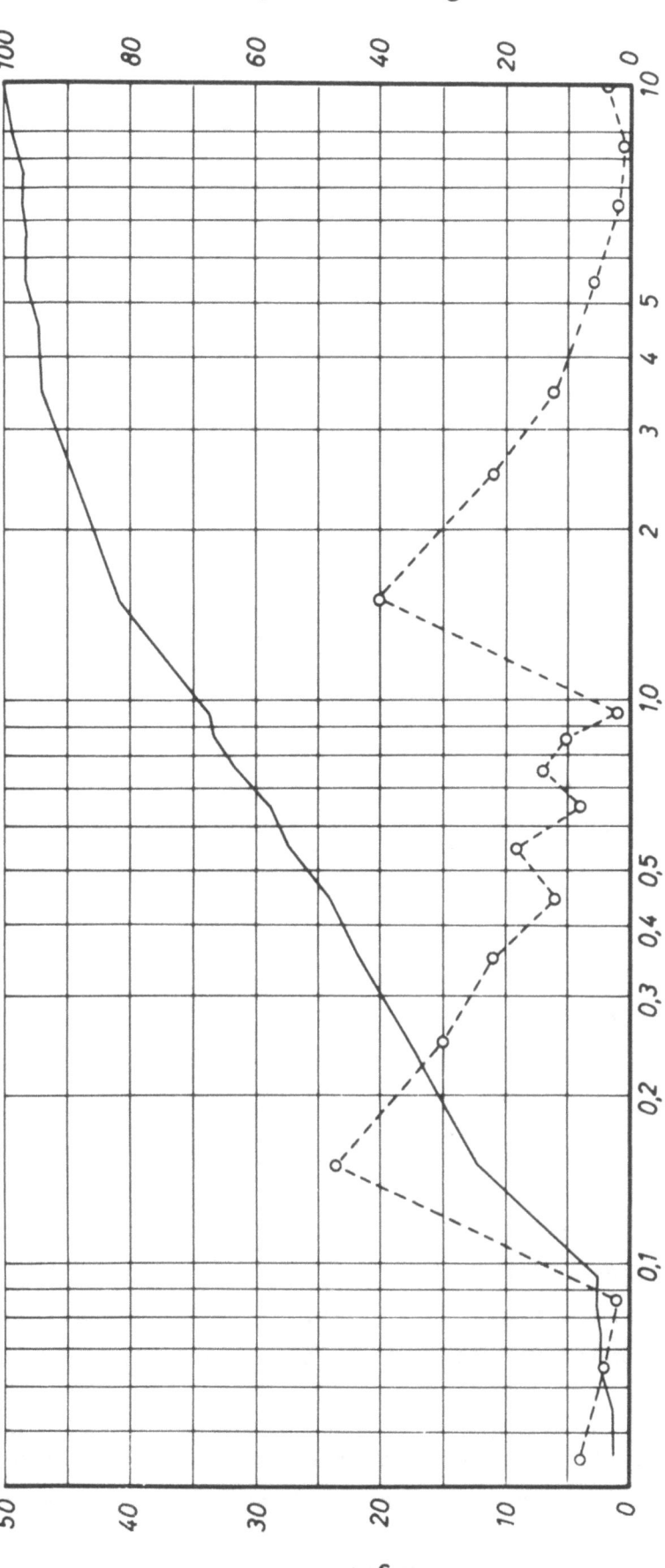

Abbildung 5
Verhältnis zwischensitzender und stehender Arbeitsweise
am Reißbrett

abweichen, umso mehr wird von den betreffenden Zeichnern eine Körperhaltung gegenüber der anderen bevorzugt.

Das Diagramm zeigt, daß die Häufigkeiten der Quotienten nicht normal verteilt sind, sondern daß zwei Maxima vorhanden sind. Das größere liegt bei 0,15, d.h. einem Verhältnis zwischen sitzender und stehender Zeichenarbeit von 1 : 6,7, das kleinere bei 1,5, d.h. einem Verhältnis von 1,5 : 1. Die ausgezogene Linie der Summenprozente gibt an, daß etwa 50 % aller Zeichner mehr als doppelt so lange stehend wie sitzend zeichnen (wobei das Maximum bei dem 6,7fachen liegt), daß weitere 35 % einigermaßen gleichmäßig zwischen Sitzen und Stehen abwechseln (mit einem Maximum bei 1,5), während die restlichen 15 % mehr als doppelt so lange sitzend wie stehend zeichnen (wobei die Häufigkeit ständig abnimmt).

Als besonders bemerkenswert an diesem Ergebnis muß hervorgehoben werden, daß es eine große Anzahl von Zeichnern gibt, die überwiegend im Stehen arbeiten, während die Zahl derer, die einigermaßen gleichmäßig abwechseln, geringer ist. Die Gründe hierfür können subjektiver Art sein, indem viele Zeichner ohne erkennbaren äußeren Anlaß glauben, stehend besser zeichnen zu können als sitzend (auf Einflüsse der Ausbildung wurde bereits weiter oben hingewiesen), sie können aber auch in der Art der Zeichnung liegen, die den Zeichner zu einer bestimmten Körperhaltung zwingt. Einen weiteren Einblick in diese Zusammenhänge erlaubt die Untersuchung der Notierungen über Brettneigung und Arbeitshöhe.

Die Auswertung von insgesamt 1880 Notierungen über Brettneigung und Lage des Arbeitsbereiches auf dem Brett hat folgendes ergeben: Die durchschnittliche Lage des Arbeitsbereiches ist im Sitzen etwa 22 cm niedriger als im Stehen (Abb. 6). Dieser Unterschied ist trotz einer hohen Schwankungsbreite sehr signifikant. Er läßt den Schluß zu, daß der Zeichner sich weniger aus Gründen einer erwünschten Haltungsänderung hinsetzt, bzw. aufsteht, sondern vielmehr weil die Arbeitsaufgabe es erlaubt, bzw. verlangt. Andernfalls dürfte kein Unterschied in der Lage des Arbeitsbereiches bestehen, denn der Zeichner brauchte ja nur sein Brett herauf- oder herunterzubewegen. Dies Ergebnis deutet also darauf hin, daß der Zeichner nicht immer die Möglichkeit hat, seine Körperhaltung zu wechseln, daß er unter Umständen längere Zeit stehen muß, wenn die Aufgabe es fordert.

Nach der unter Punkt 1 beschriebenen Untersuchung über optimale Blickneigung war ein Unterschied zwischen den Brettneigungen im Sitzen und im

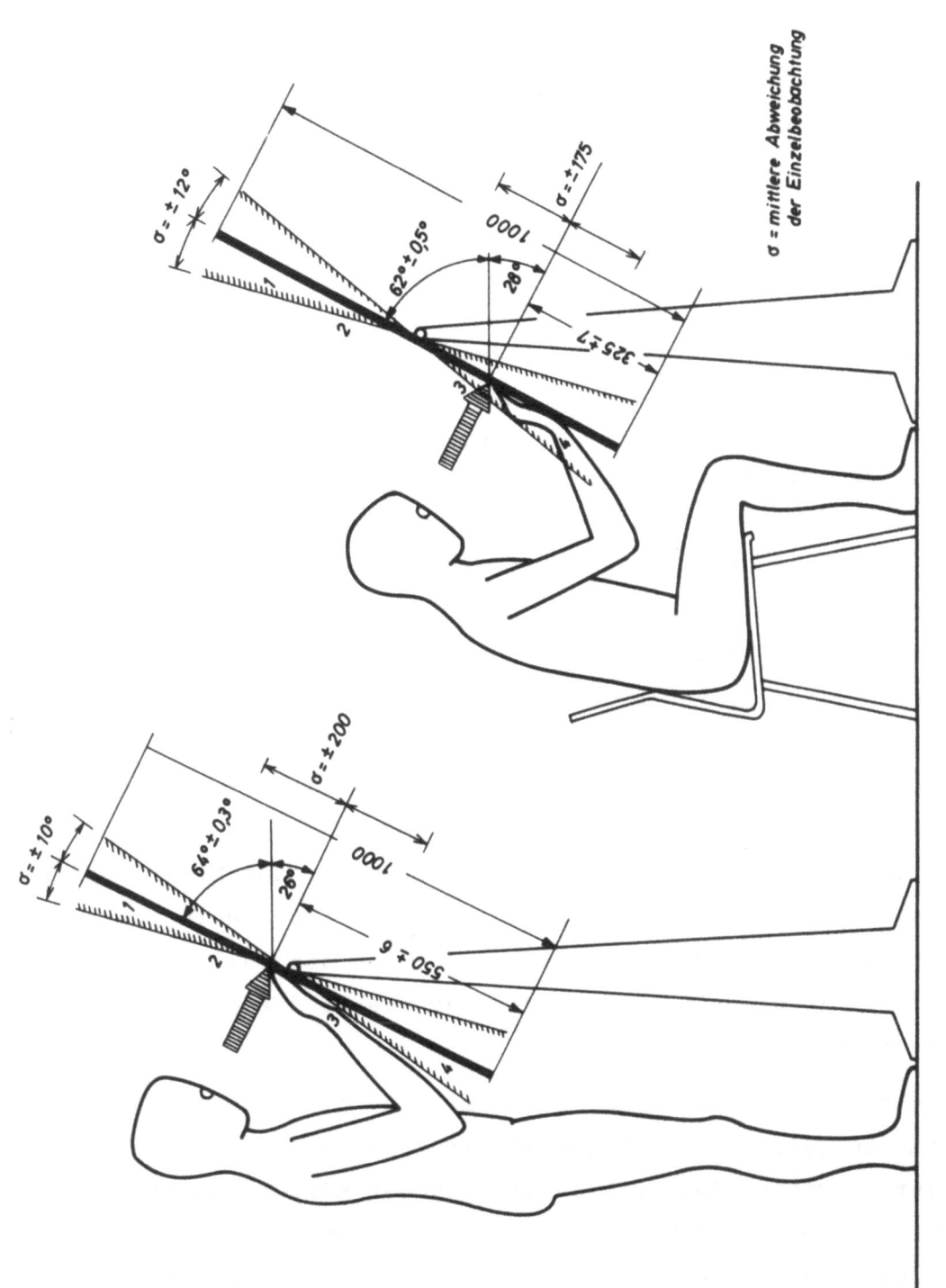

Abbildung 6

Brettneigung und Zeichenschwerpunkt

Stehen zu erwarten. Nach diesen, im Labor gewonnenen Ergebnissen müßten die Brettneigungen, unter der Voraussetzung senkrechter Draufsicht, im Stehen etwa 60°, im Sitzen etwa 52° betragen. Gefunden wurden demgegenüber im Betrieb im Stehen ein Mittelwert von ~ 64°, im Sitzen von ~ 62°. Es wurde somit zwar die Tendenz der Brettneigungen bestätigt, es ist jedoch besonders die Differenz von 10° zwischen dem erwarteten und dem gefundenen Wert bei sitzender Haltung bemerkenswert. Eine Erklärung für diese Abweichung kann auf folgende Weise versucht werden: Bei der Auswertung der Notierungen von Brettneigung und Lage des Arbeitsbereiches auf dem Brett ergab sich eine ziemlich enge Korrelation zwischen beiden Größen, mit einem Koeffizienten von

$$k = 0,95 \text{ im Sitzen} \quad \text{und}$$
$$k = 0,93 \text{ im Stehen.}$$

Das bedeutet also, daß ein ziemlich enger Zusammenhang zwischen der Brettneigung und der Arbeitshöhe auf dem Brett besteht, und zwar in der Weise, daß das Brett umso flacher eingestellt wird, je weiter unten auf dem Brett gezeichnet wird. Dieser Zusammenhang ist im Sitzen noch ausgeprägter als im Stehen. Er kann dadurch erklärt werden, daß der Zeichner versucht, auch die hoch- und tiefliegenden Bereiche des Brettes dadurch in eine günstige Sehentfernung unter senkrechtem Blickwinkel zu bringen, indem er das Brett um seine horizontale Achse dreht. Dabei nimmt er eine Abweichung von der optimalen Blickneigung in Kauf (Abb. 7). Im Stehen kann dieses Heranbringen des Arbeitsbereiches an die Augen auch dadurch unterstützt werden, daß der Zeichner sein Brett nach oben oder nach unten schiebt. Diese Möglichkeit ist im Sitzen durch die Knie beschränkt. Der Zeichner wird also, wenn er etwa in der Mitte seines Brettes arbeiten muß, aber dabei nicht aufstehen will, sein Brett stärker senkrecht stellen müssen, als dies im Stehen der Fall wäre. Dadurch kann es also begründet sein, daß er stärker als im Stehen von der optimalen Blickneigung abweichen muß.

Das Ergebnis dieser Untersuchung bestätigt also die allgemeine Erfahrung, daß man bei der herkömmlichen Konstruktion der Zeichenanlage nur etwa im unteren Drittel des Brettes in bequemer Körperhaltung arbeiten kann. Da für eine optimale Gestaltung des Zeichenarbeitsplatzes die Forderung erhoben wird, daß er gleiche Arbeitsbedingungen im Stehen wie im Sitzen bieten soll, um einen zwanglosen Wechsel beider Körperhaltungen zu ermöglichen, sollte versucht werden, die Zeichenanlage so zu konstru-

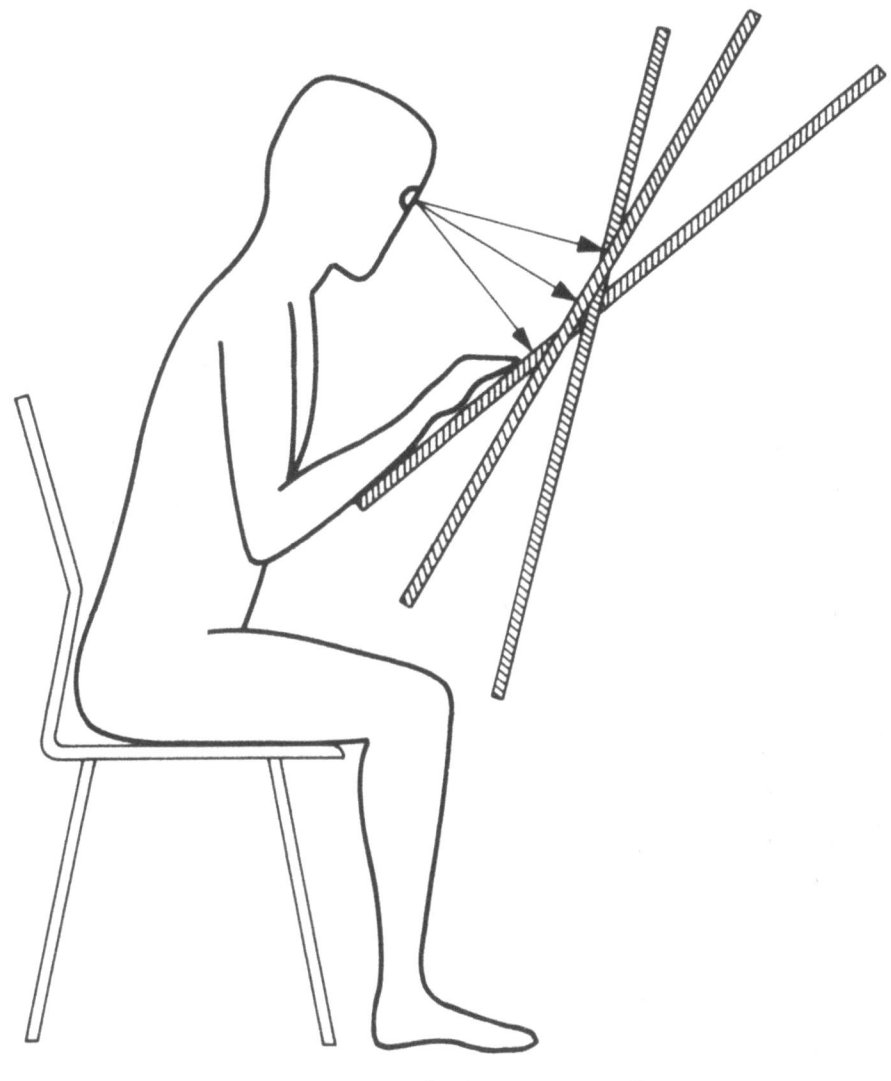

Abbildung 7
Zusammenhang zwischen Brettneigung und
Arbeitsbereich auf dem Brett

ieren, daß sie diese Möglichkeit bietet. Unter Punkt 4 wird über die Entwicklung und Erprobung einer solchen Anlage berichtet.

In der Tätigkeitsart 3 "lesen, rechnen" zeigten sich wiederum die unterschiedlichen Arbeitsaufgaben in den beiden Betrieben, während die übrigen Zeitanteile nahezu übereinstimmen.

Zwischen den Zeitaufteilungen am Vormittag und am Nachmittag wurde kein signifikanter Unterschied festgestellt.

5. Einfluß der Brettneigung auf den Zeitbedarf und die Qualität beim Zeichnen

Zweck der Untersuchung:

Bisher wurde die Frage der Blickrichtung behandelt und die Arbeitsweise des Zeichners statistisch untersucht. Dabei hatten sich aus physiologischen Gründen bestimmte Brettneigungen als günstig herausgestellt. Es war weiterhin festgestellt worden, daß die Mittelwerte aller im Zeichenbüro vorgefundenen Brettneigungen mit gewissen Einschränkungen diesen optimalen Werten entsprechen. Im Anschluß daran ist es nun interessant, festzustellen, ob die Brettneigung auch einen Einfluß auf den reinen Zeitbedarf des Zeichners hat.

Eine ähnliche Untersuchung wurde vom BATTELLE-INSTITUT durchgeführt [3]. Dabei handelte es sich allerdings in erster Linie um die Wirkung der Zeichenausrüstung auf den Zeitbedarf. Es wurden insgesamt sechs verschiedene Kombinationen von Hilfsmitteln, angefangen vom liegenden Brett mit Reißschiene und Winkel bis zur verstellbaren Zeichenanlage mit Zeichenmaschine, untersucht, wobei mehrere Zeichner getestet wurden. Von vier dieser Kombinationen unterschieden sich je zwei nur durch die Brettneigung. Es wurden drei Zeichnungen verschiedener Schwierigkeitsgrade ausgeführt (Dauer etwa eine Stunde). Abgesehen vom Einfluß der Zeichenausrüstung wurde als Ergebnis dieser drei Versuchsreihen gefunden, daß das Arbeiten mit Zeichenmaschine am horizontalen Brett etwa 25 % mehr Zeit erfordert als am aufrechten Brett. Dabei wurden allerdings keine genaueren Angaben über die Brettneigung gemacht.

In einer weiteren Versuchsreihe einminütiger Kurzversuche wurde der Zeitbedarf für das Zeichnen einfacher Dreiecke und Vierecke ermittelt. Dabei wurden für die horizontalen Brettpositionen geringfügig kürzere Zeiten als für die aufrechten Stellungen ermittelt. Daß bei den ersten drei Versuchsreihen die horizontale Lage des Brettes eine Zeitverlängerung bewirkt hatte, wurde als Wirkung der Ermüdung erklärt.

Es erschien uns notwendig, an einer größeren Anzahl von Versuchspersonen den Zeitbedarf für das Zeichnen mit verschiedenen Brettneigungen zu untersuchen und die Ergebnisse mit denen der oben genannten Untersuchung zu vergleichen.

Methode:

Die Versuche wurden nacheinander in zwei Ingenieurschulen mit insgesamt 55 Studenten durchgeführt. In der Schule A handelte es sich um ein geschlossenes Semester ohne Rücksicht auf die vorausgegangene Berufsausbildung, während in der Schule B zu diesem Zweck 30 Studenten ausgewählt wurden, die eine Lehre als technische Zeichner absolviert hatten.

Die Studenten hatten die Aufgabe, aus der Zusammenstellungszeichnung eines Verbrennungsmotors, die jedem als Lichtpause im Maßstab 1 : 1 vorlag, ein Ventil einschließlich Ventilfeder, Federteller, Führungsrohr und Sitzring (Abb. 8) im Maßstab 2 : 1 herauszuzeichnen. Diese Zeichenarbeit war auf etwa eine Stunde berechnet. Gezeichnet wurde auf Zeichenanlagen der Firma Kuhlmann, die mit Zeichenmaschinen versehen waren.

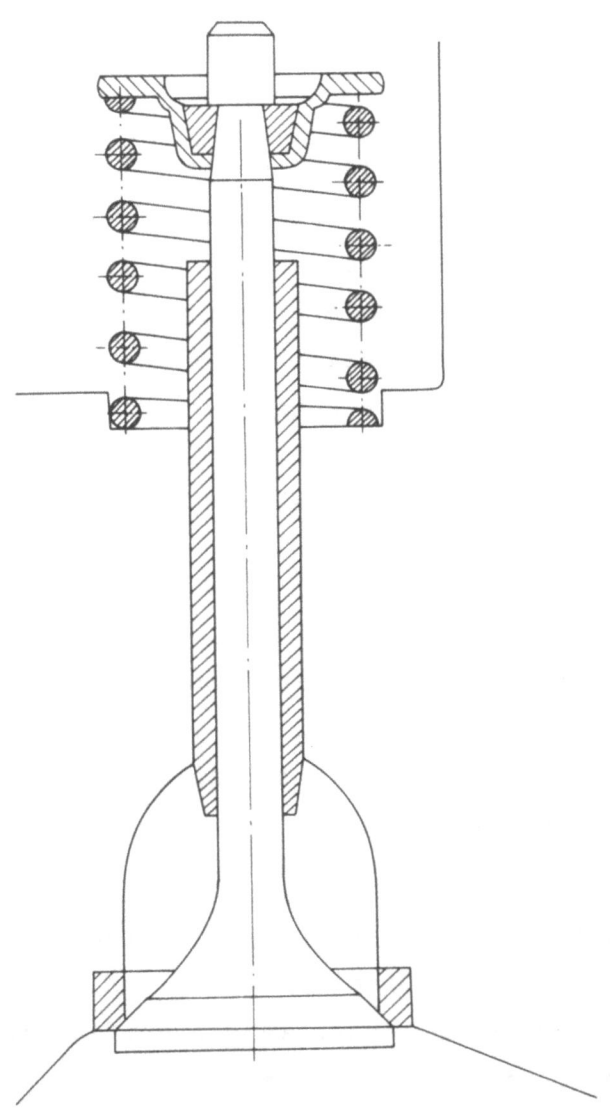

A b b i l d u n g   8
Testaufgabe zur Ermittlung des Zeitbedarfs für
eine technische Zeichnung

Es wurde die Zeit gemessen, die notwendig war, um diese einfache, rein zeichentechnische Arbeit durchzuführen.

Jeder Student zeichnete nacheinander bei drei verschiedenen Brettneigungen, und zwar bei 10, 45 und 80°, bzw. 80, 45 und 10°, gemessen gegen die Horizontale. Aus Raumgründen begann in den Schulen A und B jeweils eine Hälfte der Teilnehmer bei 10°, die andere bei 80°. Um den Einfluß der Einübung zu eliminieren, wurden in einer dritten Ingenieurschule nacheinander drei Zeichnungen bei derselben Brettneigung ausgeführt.

In der Schule A wurden die Versuche an drei aufeinanderfolgenden Tagen um die gleiche Vormittagsstunde durchgeführt. In der Schule B mußten alle drei Versuche aus Zeitgründen an einem Vormittag ausgeführt werden. Die Kontrollversuche zur Ermittlung des Einflusses der Einübung wurden an einem Nachmittag durchgeführt.

Vor Beginn der Versuche wurden die Studenten über den Zweck der Untersuchung aufgeklärt, wobei sie aufgefordert wurden, normal und ruhig zu arbeiten. Lediglich bei den Kontrollversuchen in Schule C fand vorher keine Aufklärung statt, um die Unvoreingenommenheit der Versuchsteilnehmer zu wahren. Alle Versuchsteilnehmer begannen im gleichen Zeitpunkt mit der Arbeit und lieferten ihre Zeichnung sofort nach Fertigstellung beim Versuchsleiter ab, der die benötigte Zeit notierte. Alle Teilnehmer zeichneten sitzend, wobei das Vorlageblatt auf oder neben dem Zeichenbrett aufgeheftet war.

Ergebnisse:

In Abbildung 9 sind die in den Schulen A und B benötigten Zeiten aufgetragen. Die Pfeile geben die Richtung der Veränderung der Brettneigung an. Den Kurven ist der Einfluß der Einübung überlagert, der bei einer konstanten Brettneigung von 45° gewonnen wurde. Dieser Einfluß ist als dick ausgezogene Linie dargestellt.

Aus dem Vergleich der sechs Linienzüge geht hervor, daß die in den Schulen A und B gemessenen Zeiten ziemlich genau den Einfluß der Einübung widerspiegeln und daß darüber hinaus kein signifikanter Einfluß der Brettneigung auf den Zeitbedarf festzustellen ist. Im unteren Teil des Bildes ist der Einfluß der Einübung in Prozenten der Zeit für die erste Zeichnung berücksichtigt und es zeigt sich dabei, daß die Zeit von der Brettneigung nahezu unabhängig ist.

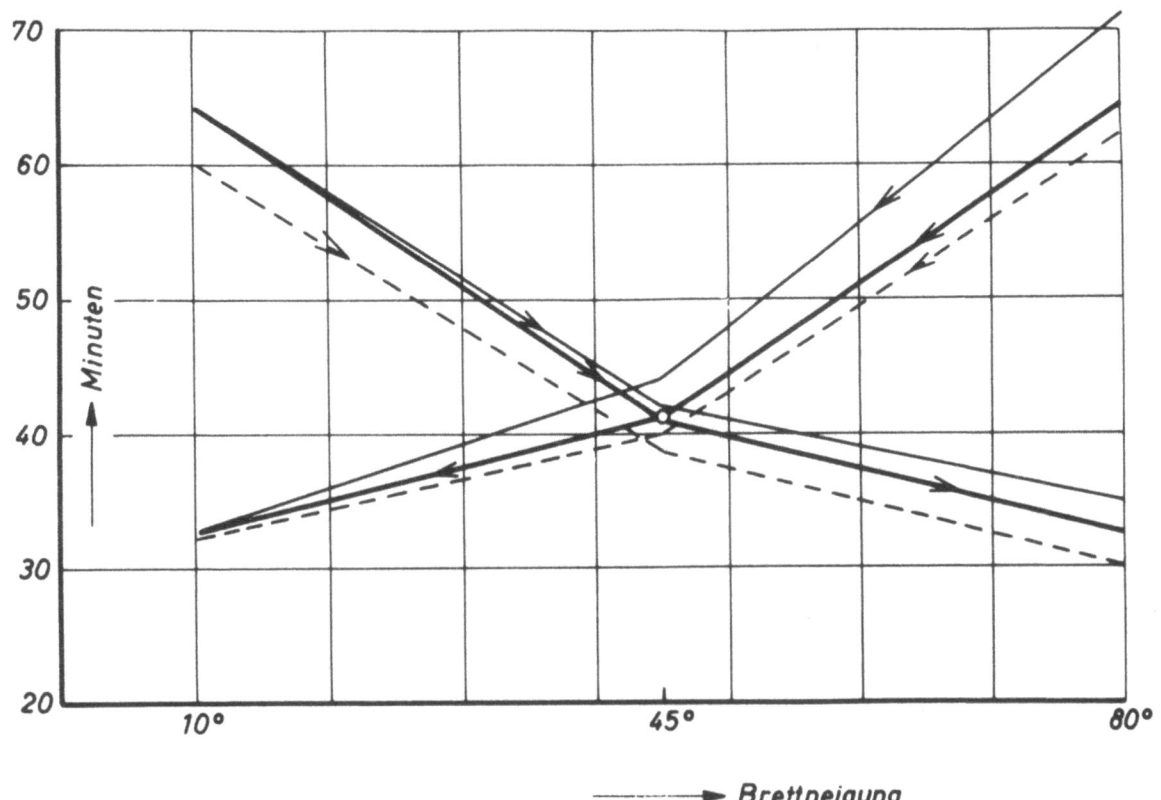

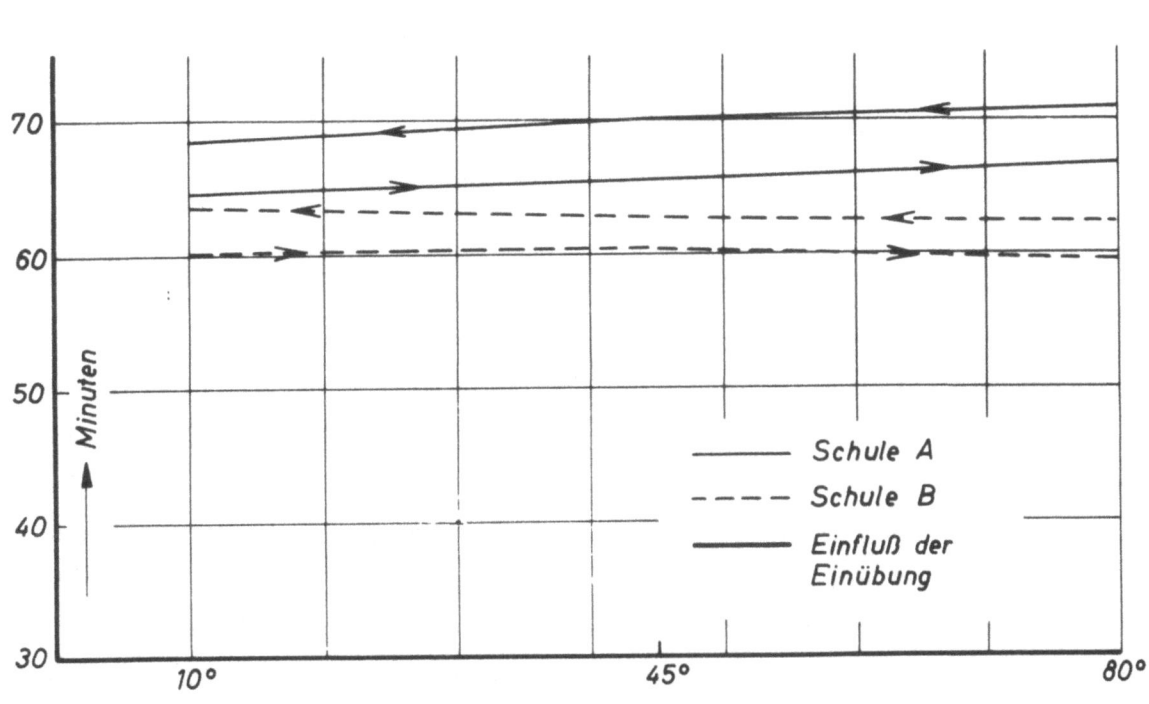

Abbildung 9

Einfluß der Brettneigung auf den Zeitbedarf des Zeichnens

Obwohl nach den vorausgegangenen Untersuchungen vermutet werden kann, daß sehr flache und sehr steile Brettneigungen dem Zeichner unbequem sind, weil sie unnatürliche Körperhaltungen erfordern, hat diese Untersuchung doch keinen Einfluß auf den Zeitbedarf feststellen lassen. Es kann allerdings vermutet werden, daß bei längerem Zeichnen in einer unbequemen Körperhaltung, etwa gegen Ende eines 8-Stunden-Tages, schließlich doch kleine und kleinste Entspannungspausen bewußt oder unbewußt eingelegt werden, die den Zeitbedarf vergrößern.

6. Entwicklung und Erprobung einer neuartigen Zeichenanlage

Wie die vorausgegangenen Untersuchungen gezeigt haben, ist man bei der Entwicklung der Arbeitsbedingungen des technischen Zeichners auf der Stufe einer technischen Vervollkommnung der Zeichenanlage stehengeblieben, ohne die besonderen Eigenarten der Physiologie des Menschen in der Konstruktion mit zu berücksichtigen. Das Zeichnen an großen Zeichenanlagen wird vielfach als ermüdend empfunden, obwohl die rein zeichentechnischen Hilfsmittel bis zu einer beachtlichen Höhe entwickelt worden sind. Besonders die Tatsache, daß der Zeichner gezwungen ist, häufig und langdauernd im Stehen zu arbeiten, scheint uns an dieser ermüdenden Wirkung schuld zu sein. Nach unseren Erfahrungen muß es immer das Ziel der Arbeitsplatzgestaltung sein, dem Arbeiter die Möglichkeit zu geben, jederzeit zwischen Sitzen und Stehen zu wählen, soweit sich das mit der Arbeitsaufgabe überhaupt verträgt. Man kann ohne Schwierigkeiten sowohl sitzend als auch stehend zeichnen und es ist lediglich eine Frage der Konstruktion der Zeichenanlage, ob beide Möglichkeiten ausgenutzt werden können.

Im Max-Planck-Institut für Arbeitsphysiologie, Dortmund, wurde eine Zeichenanlage entwickelt, an der man jederzeit im Stehen oder im Sitzen arbeiten kann. Bei der neuen Anlage (Abb. 10), die von der Firma Kuhlmann, Wilhelmshaven, gebaut wurde, wird das Zeichenpapier mittels Klebestreifen auf einem endlosen Band aus Kunststoff aufgeklebt, das über zwei Walzen geführt wird. Ein Zeichenbrett dient als Unterlage. An der unteren Walze befindet sich links und rechts je ein Handrad, mit denen das Band transportiert werden kann. Auf diese Weise ist es möglich, jeden Punkt der Zeichnung in die richtige Höhe bzw. Sehentfernung zu bringen.

Das Kunststoff-Transportband wird durch einen eingesetzten Gummistreifen elastisch gespannt. Die Spannung läßt sich dadurch verändern, daß die

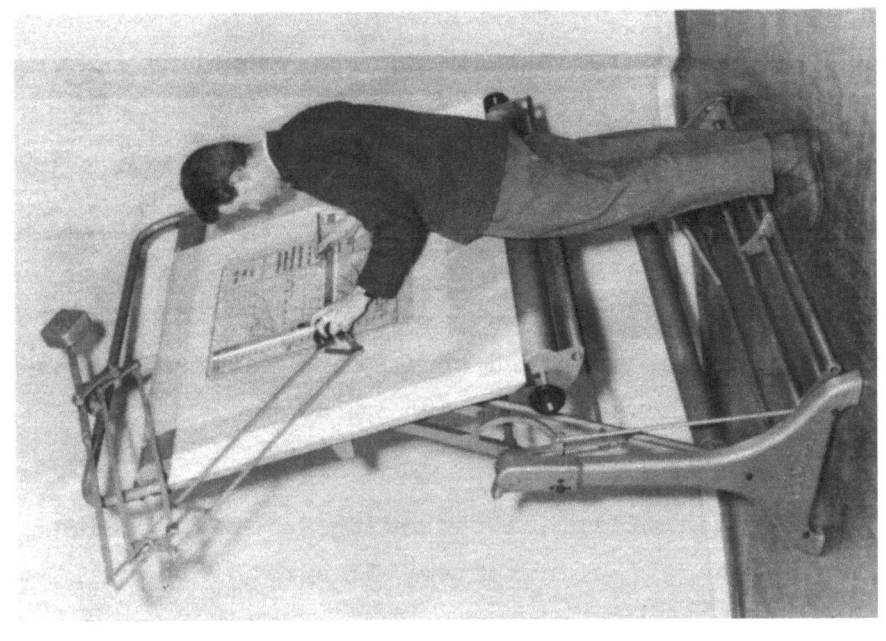
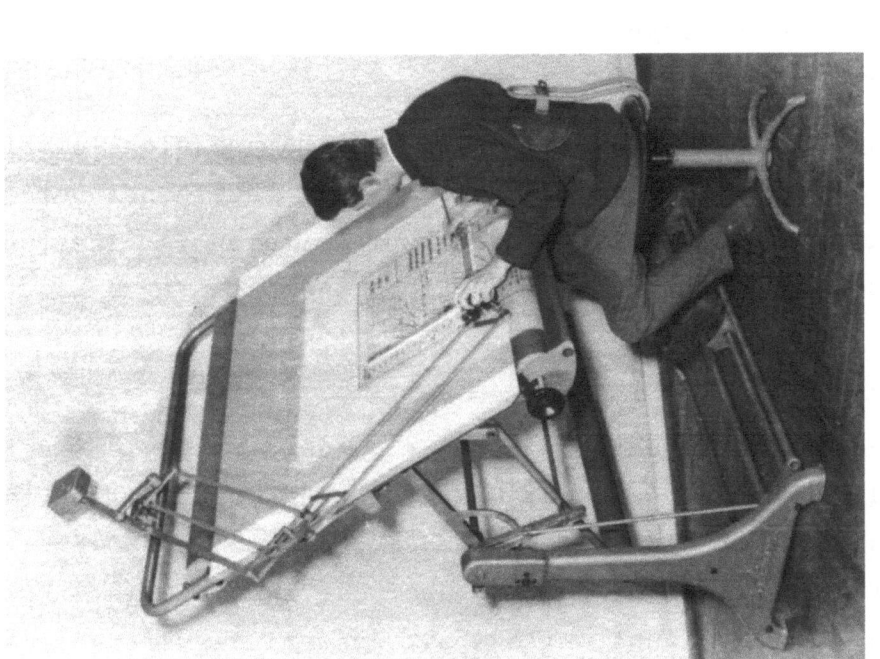

Abbildung 10
Neuartige Zeichenanlage für sitzendes und stehendes Arbeiten

obere Walze verschieblich gelagert ist. Diese Verstellbarkeit dient gleichzeitig dazu, die Walzen genau parallel einzustellen.

Hinsichtlich der Genauigkeit der Parallelführung des Kunststoffbandes erfüllt die neue Anlage die Anforderungen, die auch an Zeichenanlagen üblicher Bauart gestellt werden.

Die neue Zeichenanlage wurde 3 Monate lang im Konstruktionsbüro einer Dortmunder Maschinenfabrik erprobt. Dabei kamen die zur Beurteilung herangezogenen Zeichner bzw. Konstrukteure zu folgendem Ergebnis:

1. Vorteile der Anlage
    a) die Möglichkeit, sitzend zu arbeiten,
    b) die Möglichkeit, auf der gesamten Länge der Folie ($\sim$ 2 m) mehrere Blätter gleichzeitig aufzuspannen und somit ohne Zeitverlust abwechselnd an mehreren Zeichnungen arbeiten zu können.

2. Mängel der Anlage
    a) die Folie wird beim Rollen elastisch verzerrt, weil die beiden Walzen aus Blech gebogen und auf der Oberfläche nicht bearbeitet wurden,
    b) die Breite der Folie läßt nur Zeichnungen im Format DIN A1 zu,
    c) die Farbe der Folie ist ungünstig, wenn man sie mit Transparentpapier zusammenbringt.

Da die genannten Mängel nicht grundsätzlicher Art sind und sich leicht beheben lassen, kann die Beurteilung als sehr günstig bezeichnet werden. Es ist vorgesehen, die gewonnenen Erfahrungen zur weiteren Verbesserung der Anlage zu benutzen.

7. Der zweckmäßige Sitz des Zeichners

Aus Tabelle 2 geht hervor, daß während 30 bis 40 % der Arbeitszeit sitzend gearbeitet wird. Bei entsprechender Gestaltung des ganzen Arbeitsplatzes ist es wahrscheinlich möglich, diesen Prozentsatz auf 50 % zu erhöhen. Es lohnt sich daher, sich Gedanken über die zweckmäßigste Form des Sitzes zu machen. Bei der Konstruktion bzw. Auswahl der Sitzgelegenheit sind

   1. physiologisch-anatomische Anforderungen
   2. arbeitstechnische Anforderungen

zu berücksichtigen. Vom physiologisch-anatomischen Standpunkt aus ist zu fordern, daß der Stuhl genügende Bequemlichkeit, auch bei längerer

Benutzung, bieten muß. Dies wird im wesentlichen durch die richtige Höhe, Breite und Tiefe der Sitzfläche (Abb. 11), sowie durch eine zweckmäßige Rückenlehne gewährleistet.

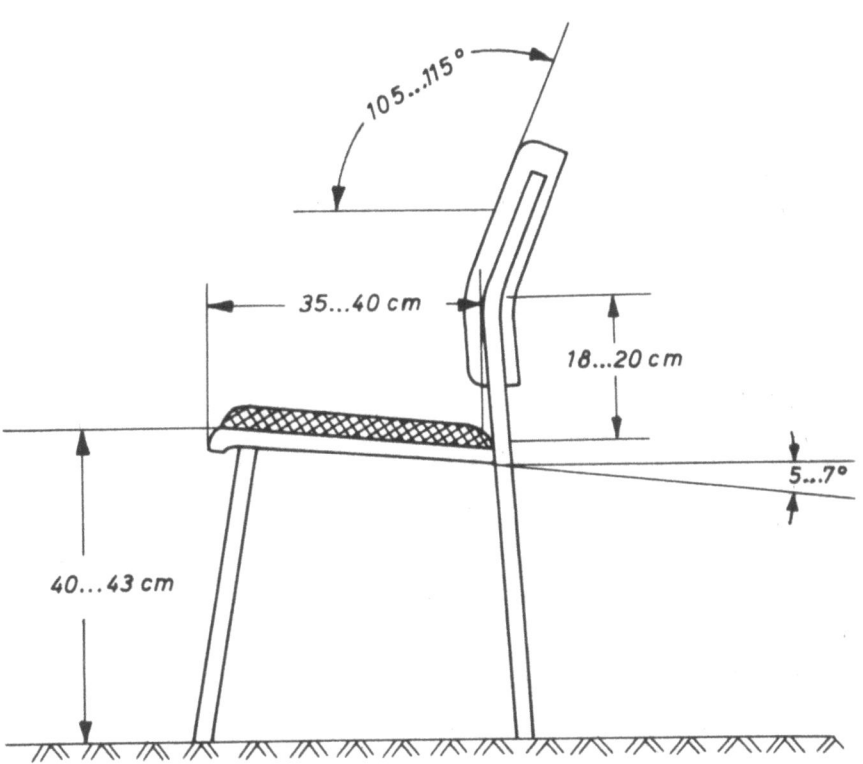

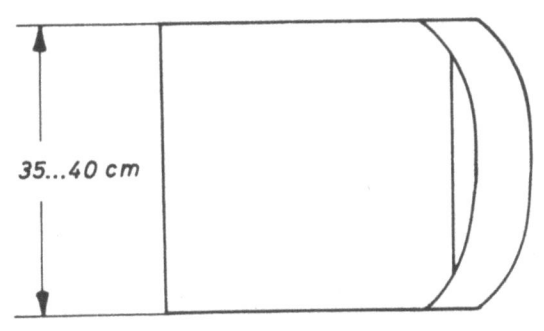

A b b i l d u n g   11
Empfehlenswerte Maße für einen Arbeitsstuhl

Die Höhe der Sitzfläche soll wegen der beträchtlichen Unterschiede der Körpergröße in einem Bereich von 10 cm verstellbar sein. Dabei soll das Mindestmaß 40 cm betragen. Bei nicht verstellbaren Stühlen ist ein Maß von 40 bis 43 cm zu empfehlen. Die Sitzfläche darf nicht zu stark gemuldet oder gar mit Mulden für die Oberschenkel versehen sein, da sonst die Möglichkeiten eines Haltungswechsels eingeschränkt werden, die bei längerem Sitzen für die Bequemlichkeit sehr wichtig sind. Stattdessen ist eine dünne Polsterung zu empfehlen, sofern der Stuhl längere Zeit hindurch benutzt wird. Dies tut der Zeichner jedoch meist nur für kürzere Zeitabschnitte, so daß hierfür eine hölzerne Sitzfläche ausreichend erscheint. Die Lehne soll den Rücken vor allem in Höhe der unteren Lendenwirbel abstützen, um die Rückenmuskulatur wirksam zu entlasten. Darüber hinaus ist zur gelegentlichen Entspannung und beim Lesen oder Betrachten einer Zeichnung auch eine volle Rückenlehne erforderlich und sollte deshalb nicht fehlen. In dieser Hinsicht hat sich die Lehne nach B. ÅKERBLOM als sehr zweckmäßig erwiesen (Abb. 12), die bei verschiedenen Sitzhaltungen wirksam ist. Eine federnde Rückenlehne bringt keinen Gewinn gegenüber der festen Lehne, denn sie kann den Rücken auch erst stützen, wenn der Oberkörper zurückgelehnt wird. Bei aufrechter oder leicht vorgeneigter Sitzhaltung kann einzig eine Stütze in Höhe der unteren Lendenwirbel wirksam sein. Alle höher gelegenen Teile der Lehne werden erst beim Zurücklehnen benötigt.

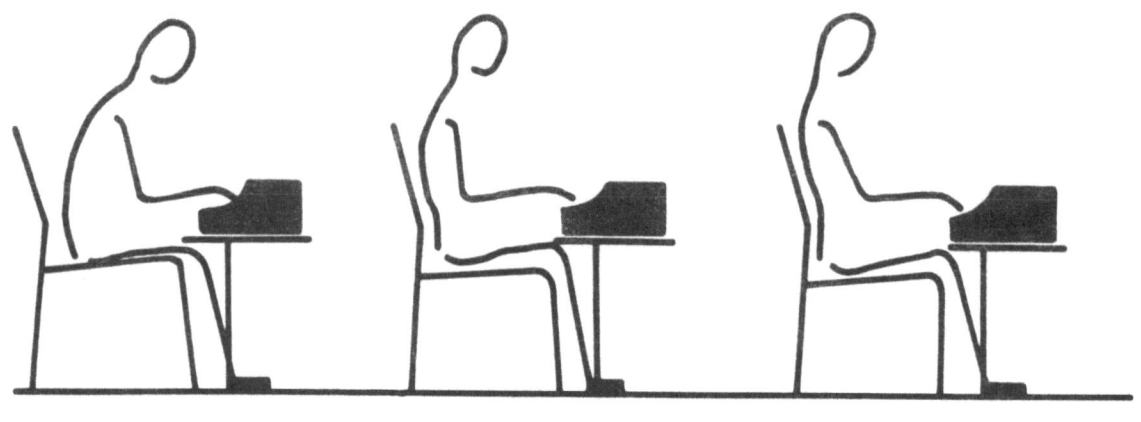

A b b i l d u n g   12
Drei mögliche Sitzhaltungen auf einem Stuhl
nach B. ÅKERBLOM

Die besonderen arbeitstechnischen Anforderungen an den Sitz des Zeichners sind im wesentlichen folgende:

Es wird im allgemeinen derselbe Stuhl am Schreibtisch und am Zeichenbrett verwendet. Die Körperhaltung ist leicht vorgeneigt, so daß eine Neigung der Sitzfläche nach hinten, die in anderen Fällen die Wirkung der Rückenlehne erhöht, hier unzweckmäßig ist, da sie nur bewirken würde, daß die Bauchorgane noch mehr als normal zusammengedrückt werden. Eine Lendenstütze könnte jedoch auch während der Arbeit benutzt werden.

Der Stuhl darf keine Armlehnen haben, damit die Beweglichkeit der Arme nicht eingeschränkt wird.

Da der Zeichner häufig zwischen dem Brett und seinem Schreibtisch, der quer zum Brett oder im Rücken des Zeichners steht, hin- und herpendelt, ist ein drehbarer Stuhl sehr zweckmäßig. Bei der Bearbeitung großflächiger Zeichnungen, die kein richtiges Hinsetzen gestatten, kann ein Steh- oder Pendelsitz zweckmäßig sein (Abb. 13). Dieser kann etwa 60 % des Körpergewichtes aufnehmen, während die restlichen 40 % die leicht gebeugten Knie belasten. Sitze dieser Art haben sich in vielen Fällen bewährt, können jedoch nur als eine Behelfslösung angesehen werden. Ihr Vorteil besteht vor allem darin, daß sie wenig Platz in Anspruch nehmen und nicht umfallen können, da der Schwerpunkt sich unterhalb des Drehpunktes befindet. Da jedoch bei dieser Steh-Sitz-Haltung die Füße nicht nur eine senkrechte, sondern auch eine waagerechte Kraftkomponente auf

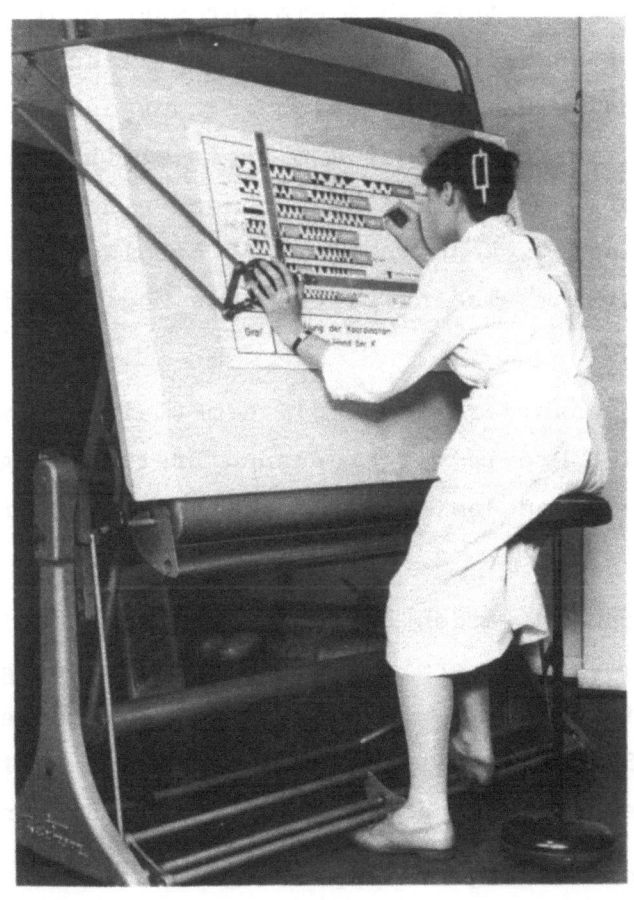

A b b i l d u n g   13
Verwendung eines Pendelsitzes am Reißbrett

den Fußboden übertragen, ist bei glatten Fußböden Vorsicht vor dem Ausrutschen geboten.

8. Zusammenfassung

Es werden verschiedene Untersuchungen beschrieben, um die Beziehungen zwischen dem Zeichner und seinem Arbeitsplatz zu analysieren. Eine Laboratoriumsuntersuchung zur Frage der normalen Blickneigung ergibt einen Winkel von 30° gegen die Horizontale im Stehen und einen solchen von 38° im Sitzen. Diese Werte werden zur Beurteilung der in Zeichenbüros festgestellten Brettneigungen benutzt.

Aufschluß über die Arbeitsverhältnisse in Konstruktionsbüros gibt eine Häufigkeitsstudie in zwei verschiedenen Betrieben, die nach dem "Multimoment-Verfahren" durchgeführt wurde. Diese ergibt, daß während 28 bzw. 35 % der Gesamtarbeitszeit gezeichnet wird, davon 12 bzw. 10 % sitzend und 16 bzw. 25 % stehend. Während 60 bis 70 % der Zeichenzeit wird also stehend gearbeitet. Im Hinblick auf den Haltungswechsel des einzelnen Zeichners zeigt sich, daß 50 % aller Zeichner mehr als doppelt so lange stehen wie sitzen, daß weitere 35 % einigermaßen gleichmäßig zwischen Sitzen und Stehen abwechseln, während die restlichen 15 % mehr als doppelt so lange sitzend wie stehend zeichnen. Aus der Lage des durchschnittlichen Arbeitsbereiches auf dem Brett ergibt sich der Schluß, daß der Zeichner vorwiegend nicht aus Gründen eines Haltungswechsels aufsteht oder sich setzt, sondern weil die Arbeitsaufgabe es verlangt bzw. erlaubt. Es ist ihm also nur selten die Möglichkeit der freien Wahl gegeben.

Eine Abweichung zwischen der labormäßig ermittelten Blickneigung im Sitzen und der in der Praxis vorgefundenen Brettneigung wird durch eine enge Korrelation zwischen dem Arbeitsbereich auf dem Brett und der Brettneigung erklärt.

In drei Ingenieurschulen werden bei einer einfachen Zeichenarbeit Zeitmessungen angestellt, um zu ermitteln, ob die Brettneigung einen Einfluß auf die Arbeitszeit hat, wie Ergebnisse einer Untersuchung des BATTELLE-INSTITUTES besagen. Es ergibt sich kein signifikanter Unterschied im Zeitaufwand bei den drei verschiedenen Brettneigungen.

Es wird über die Entwicklung und Erprobung einer neuartigen Zeichenanlage berichtet, die dem Zeichner jederzeit die Möglichkeit gibt, sitzend oder stehend zu arbeiten.

Abschließend wird die Frage des zweckmäßigen Sitzes für Zeichenarbeit behandelt.

Dr.-Ing. Fritz STIER

9. Literaturverzeichnis

[1] MALIES, G.   Arbeitsgestaltung im Büro
Zschr. Rationalisierung 7. Jg. (1956)
H. 2, S. 45-47

[2] TANON, L.   De l'attitude physiologique defectueuse des dessinateurs industriels et de sa pathologie
Annales d'Hygiene 6, 279-284 (1951)

[3] BATTELLE-INSTITUT   Drawing Office Equipment
Aircraft Production (London), Vol. 19, 1957, S. 156-159

FORSCHUNGSBERICHTE DES LANDES NORDRHEIN-WESTFALEN

Herausgegeben durch das Kultusministerium

ARBEITSPSYCHOLOGIE u. -WISSENSCHAFT

HEFT 4
Prof. Dr. E. A. Müller und Dipl.-Ing. H. Spitzer, Dortmund
Untersuchungen über die Hitzebelastung in Hüttenbetrieben
1952, 28 Seiten, 5 Abb., 1 Tabelle, DM 9,—

HEFT 76
Max-Planck-Institut für Arbeitsphysiologie, Dortmund
Arbeitstechnische und arbeitsphysiologische Rationalisierung von Mauersteinen
1954, 52 Seiten, 12 Abb., 3 Tabellen, DM 10,20

HEFT 113
Prof. Dr. O. Graf, Dortmund
Erforschung der geistigen Ermüdung und nervösen Belastung: Studien über die vegetative 24-Stunden-Rhythmik in Ruhe und unter Belastung
1955, 40 Seiten, 12 Abb., DM 8,20

HEFT 114
Prof. Dr. O. Graf, Dortmund
Studien über Fließarbeitsprobleme an einer praxisnahen Experimentieranlage
1954, 34 Seiten, 6 Abb., DM 7,—

HEFT 115
Prof. Dr. O. Graf, Dortmund
Studium über Arbeitspausen in Betrieben bei freier und zeitgebundener Arbeit (Fließarbeit) und ihre Auswirkung auf die Leistungsfähigkeit
1955, 50 Seiten, 13 Abb., 2 Tabellen, DM 9,80

HEFT 118
Prof. Dr. E. A. Müller und Dr. H. G. Wenzel, Dortmund
Neuartige Klima-Anlage zur Erzeugung ungleicher Luft- und Strahlungstemperaturen in einem Versuchsraum
1955, 68 Seiten, 10 z. T. mehrfarb. Abb., DM 14,—

HEFT 126
Prof. Dr.-Ing. J. Mathieu, Aachen
Arbeitszeitvergleich
Grundlagen, Methodik und praktische Durchführung
1955, 70 Seiten, DM 13,—

HEFT 129
Prof. Dr.-Ing. J. Mathieu und Dr. C. A. Roos, Aachen
Die Anlernung von Industriearbeitern
I. Ergebnisse einer grundsätzlichen Untersuchung der gegenwärtigen Industriearbeiter-Kurzanlernung
1955, 106 Seiten, DM 19,70

HEFT 130
Prof. Dr.-Ing. J. Mathieu und Dr. C. A. Roos, Aachen
Die Anlernung von Industriearbeitern
II. Beiträge zur Methodenfrage der Kurzanlernung
1955, 108 Seiten, DM 19,90

HEFT 253
Dipl.-Ing. S. Schirmanski, Berghausen
Stand und Auswertung der Forschungsarbeiten über Temperatur- und Feuchtigkeitsgrenzen bei der bergmännischen Arbeit
1957, 70 Seiten, 24 Abb., 12 Tabellen, DM 17,10

HEFT 257
Prof. Dr. G. Lehmann und Dr. J. Tamm, Dortmund
Die Beeinflussung vegetativer Funktionen des Menschen durch Geräusche
1956, 38 Seiten, 25 Abb., 3 Tabellen, DM 11,20

HEFT 359
Dr.-Ing. F. J. Meister, Düsseldorf
Veränderung der Hörschärfe, Lautheitsempfindung und Sprachaufnahme während des Arbeitsprozesses bei Lärmarbeiten
1957, 84 Seiten, 11 Abb., 40 Audiogramme, 41 Tabellen, DM 19,90

HEFT 362
Prof. Dr. med. G. Lehmann und Dipl.-Phys. D. Dieckmann, Dortmund
Die Wirkung mechanischer Schwingungen (0,5 bis 100 Hertz) auf den Menschen
1957, 100 Seiten, 53 Abb., 6 Tabellen, DM 22,50

HEFT 371
Dr. phil. W. Lejeune, Köln
Beitrag zur statistischen Verifikation der Minderheiten-Theorie
1958, 66 Seiten, 14 Abb., DM 17,90

HEFT 466
Prof. Dr.-Ing. J. Mathieu, Aachen
Überbetrieblicher Verfahrensvergleich
1958, 70 Seiten, 16 Abb., DM 16,65

HEFT 480
Dr. phil. K. Brücker-Steinkuhl, Düsseldorf
Anwendung mathematisch-statistischer Verfahren bei der Fabrikationsüberwachung
1958, 94 Seiten, 23 Abb., DM 23,80

HEFT 517
Prof. Dr. med. G. Lehmann und Dr. med. J. Meyer-Delius, Dortmund
Gefäßreaktionen der Körperperipherie bei Schalleinwirkung
1958, 24 Seiten, 12 Abb., 2 Tabellen, DM 9,15

HEFT 529
Dr. phil. G. Riedel, Dortmund
Messung und Regelung des Klimazustandes durch eine die Erträglichkeit für den Menschen anzeigende Klimasonde
1958, 78 Seiten, 35 Abb., DM 17,95

HEFT 530
Prof. Dr. med. O. Graf, Dortmund
Nervöse Belastung im Betrieb. I. Teil: Nachtarbeit und nervöse Belastung
1958, 52 Seiten, 10 Abb., DM 15,60

HEFT 558
Dr. phil. C. A. Roos, Aachen
Menschlich bedingte Fehlleistungen im Betrieb und Möglichkeiten ihrer Verringerung
1958, 94 Seiten, DM 24,20

HEFT 582
Dr. phil. C. A. Roos, Aachen
Arbeitsleistung und Arbeitsgüte
1958, 62 Seiten, DM 17,—

HEFT 584
G. Kroebel, Düsseldorf
Maßnahmen der Nachwuchs- und Talentförderung im Deutschen Gewerkschaftsbund
1958, 58 Seiten, DM 16,35

HEFT 585
Dr. phil. habil. M. Simoneit, Köln
Gedanken und Vorschläge zur Auslese technischer Talente
1958, 44 Seiten, DM 13,85

HEFT 593
Dr. phil. C. A. Roos, Aachen
Berufseignung und Berufseinsatz. I. Teil
1958, 64 Seiten, DM 18,20

HEFT 611
Dr. R. Schairer, Köln
Aufgaben der Talentförderung
1958, 76 Seiten, DM 20,80

HEFT 612
Dr. jur. H. Bauer, Köln
Der Betrieb als Bildungsfaktor
1958, 112 Seiten, DM 26,40

HEFT 613
Prof. Dr. phil. habil. E. Graeser, Göttingen
Vergleichende Studien über die Art, die Bedeutung und den Erfolg der Ausbildung von Ingenieuren, Mathematikern und Naturwissenschaftlern in der sogenannten Deutschen Demokratischen Republik und in der Bundesrepublik
1958, 44 Seiten, DM 13,80

HEFT 619
Prof. Dr. med. O. Graf und Dr. med. Dr. phil. J. Rutenfranz, Dortmund
Zur Frage der Belastung von Jugendlichen
1958, 66 Seiten, 18 Abb., 12 Tabellen, DM 16,50

HEFT 623
Prof. Dr.-Ing. J. Mathieu und Dr. phil. C. A. Roos, Aachen
Berufseignung und Berufseinsatz. II. Teil
1958, 68 Seiten, 6 Abb., DM 17,—

HEFT 631
Dr. E. Wedekind, Krefeld
Der Einfluß der Automatisierung auf die Struktur der Maschinen und Arbeitszeiten am mehrstelligen Arbeitsplatz in der Textilindustrie
1958, 86 Seiten, 34 Abb., DM 21,10

HEFT 636
Dr. phil. S. Barlen, Aachen
Richtwerte für Zeitaufwand und Kosten von Dokumentationsarbeiten
1958, 68 Seiten, DM 16,20

HEFT 637
Prof. Dr.-Ing. J. Mathieu und Dr. phil. C. A. Roos, Aachen
Berufsnachwuchspolitische Anschauungen und Bestrebungen von Lehrfirmen in Industrie und Handel
1958, 38 Seiten, DM 10,20

HEFT 641
Prof. Dr.-Ing. J. Mathieu und Dr. phil. M. Gnielinski, Aachen
Die industrielle Produktivität in neuerer Sicht
1958, 132 Seiten, 16 Abb., 31 Tabellen, DM 31,70

HEFT 646
Prof. Dr.-Ing. J. Mathieu und Dr. phil. C. A. Roos, Aachen
Die industrielle Facharbeiterausbildung und Vorschläge für ihre Verbesserung
1959, 102 Seiten, 10 Abb., 4 Tabellen, DM 25,60

HEFT 650
Dr. phil. nat. H. A. Elsner, Aachen
Aufbau einer Fachdokumentation aus vorhandenen Referatdiensten
1958, 36 Seiten, 1 Abb., 2 Tabellen, DM 12,10

HEFT 677
Dr. sc. agr. F. Riemann, Dipl.-Volksw. R. Hengstenberg und Dipl.-Ldw. G. Bunge, Göttingen
Der ländliche Raum als Standort industrieller Fertigung
1959, 196 Seiten, und viele Tabellen, DM 46,40

HEFT 715
Dr. E. Wedekind, Krefeld
Die Auftragsplanung und Arbeitsorganisation in gewerblichen Wäschereien
1959, 116 Seiten, 25 Abb., DM 29,50

HEFT 721
F. E. Nord, Köln
Der Stifterverband für die Deutsche Wissenschaft und die Begabtenförderung an den wissenschaftlichen Hochschulen
1959, 30 Seiten, DM 8,40

HEFT 758
Prof. A. P. Sanchez-Concha, Ph. D., LL. D., Aachen
Über den Begriff der industriellen Arbeit
1959, 16 Seiten, DM 5,40

HEFT 768
Prof. Dr. E. A. Müller und Dipl.-Ing. W. Rohmert, Dortmund
Erholungszuschläge bei Arbeitswechsel
1959, 20 Seiten, 6 Abb., 5 Tabellen, DM 6,50

HEFT 793
Dipl.-Ing. Walter Rohmert, Dortmund
Statische Belastung bei gewerblicher Arbeit
Teil II
Dr. med. Dr. phil. Gerd Jansen, Dortmund
Grundsätzliche Bemerkungen über die experimentelle Lärmforschung

HEFT 808
Dr. H.-G. Bartenwerfer, Marburg
Beiträge zum Problem der psychischen Beanspruchung.
I. Teil: Untersuchungen zu den Grundfragen und zur Erfassung der psychischen Beanspruchung in der Industrie

HEFT 822
Dr. rer. nat. H. Schmidtke und Dr.-Ing. F. Stier, Dortmund
Der Aufbau komplexer Bewegungsabläufe aus Elementarbewegungen

HEFT 826
Wäschereiforschung Krefeld e. V.
Arbeitszeitstudien an Haushaltsbottichwaschmaschinen gleicher Art und Größe mit verschiedener Ausstattung

HEFT 827
Dr.-Ing. E. Sattler, Verband Deutscher Streichgarnspinner, Düsseldorf
Disposition mit Arbeitsvorbereitung und Vertriebsvorbereitung in der einstufigen (Verkaufs-) Streichgarnspinnerei

HEFT 828
C. Brzeskiewicz, Verband der Deutschen Tuch- und Kleiderstoffindustrie e. V., Köln, im Verein mit dem Ausschuß für wirtschaftliche Fertigung e. V., Düsseldorf
Disposition mit Arbeitsvorbereitung und Vertriebsvorbereitung in der Tuch- und Kleiderstoffindustrie

HEFT 837
Dr. rer. nat. H. Schmidtke, Dr. phil. H. Schmale, Dortmund
Untersuchungen über die Sehanforderungen in der Präzisionsindustrie

Ein Gesamtverzeichnis der Forschungsberichte, die folgende Gebiete umfassen, kann bei Bedarf vom Verlag angefordert werden:
Acetylen / Schweißtechnik – Arbeitspsychologie und -wissenschaft – Bau / Steine / Erden – Bergbau – Biologie – Chemie – Eisenverarbeitende Industrie – Elektrotechnik / Optik – Fahrzeugbau / Gasmotoren – Farbe / Papier / Photographie – Fertigung – Gaswirtschaft – Hüttenwesen / Werkstoffkunde – Luftfahrt / Flugwissenschaften – Maschinenbau – Medizin / Pharmakologie / Physiologie – NE-Metalle – Physik – Schall / Ultraschall – Schiffahrt – Textiltechnik / Faserforschung / Wäschereiforschung – Turbinen – Verkehr – Wirtschaftswissenschaften.

If you have any concerns about our products,
you can contact us on
ProductSafety@springernature.com

In case Publisher is established outside the EU,
the EU authorized representative is:
**Springer Nature Customer Service Center GmbH
Europaplatz 3, 69115 Heidelberg, Germany**

Printed by Libri Plureos GmbH
in Hamburg, Germany